阅美
文化

女性生活时尚阅读品牌

□ **宁静** □ **丰富** □ **独立** □ **光彩照人** □ **慢养育**

# 时尚简史

珍藏版

一本书带你读懂时尚

[法]多米尼克·古维烈 著
Dominique Cuvillier
治棋 译

漓江出版社

# 中文版序

多米尼克·古维烈

今天，西方诸国为男人和女人制造了式样齐全、风格各异的服装服饰。巴黎以独到的设计令人叹为观止；伦敦虽剑走偏锋，却也能收赏心悦目之功效；米兰的风格既优雅脱俗又不拘一格；纽约则简约务实，追求舒适得体……

明天，中国将成为时尚展示与流行趋势盛会中不可或缺的重要角色。无论过去或现在，中国的设计师从来不乏激情与活力、创意与灵感，他们的才艺举世瞩目。古老悠久的中华文明，时时处处闪烁着服饰艺术的伟大，贯穿着精工细作的细腻。中国并不缺少著名品牌，中国更拥有无数能工巧匠。有幸与中国同行分享时尚带来的喜悦，我倍觉荣耀、铭感五内。我们不会忘却中国古装灿烂辉煌的过去，我们更会记住中国时装生机蓬勃的今天。毕竟，中国服装为社会发展和人民生活做出了不可磨灭的贡献。

祝愿各位中国设计师和你们的作品早日扬名世界、享誉全球。

# 译者序

这是一本系统评述时尚发展历史的严肃书。作者多米尼克·古维烈（Dominique Cuvillier）先生以编年体形式对历时几世纪的时尚发展史进行了回顾性陈述，对时尚的发端、沿革、历史作用以及社会效果进行了十分严肃而又不乏新意的思索。

对于本书的趣味性，译者不敢妄加揣摩，但译者斗胆放言，本书具有百分之百的可读性。如果你希望了解身上、手上、脸上的名牌时装、饰品、箱包、珠宝、香水以及化妆品的来龙去脉，如果你对欧美大片、通俗音乐或美容美发情有独钟，如果你酷爱阅读时尚杂志，如果你对时尚的发展也在进行思考，你就有可能在本书中找到答案，觅到知音，甚至遇到诤友。

毋庸讳言，由于本书系以欧洲读者为主要对象，作者在叙述时尚发展史时可能在为欧洲人或时尚专业人士所熟知的事件之间缺乏过渡，但恰是这种风格忠实再现了历史在其发展过程中偶然表现出来的跳跃性。“没有调查就没有发言权”，作者在考证史实、针砭时弊时花费的心血，可以为我们对时尚评头品足提供充足的依据。也许，读完这本书，你会对服装、对品牌乃至对时尚艺术产生全新的认识，在消费国际名牌、追随时尚潮流、理解流行趋势时更加理性、更加独立，也更有见解。倘如此，则作者、译者初衷即达，于愿足矣。

限于水平，译者对作者丰富考究的文风不乏把握欠妥之处，欢迎所有行家不吝指正。

# 原版序

2001 年 4 月 30 日，法国时尚杂志《Elle》的封面登出了一幅被塔利班强令裹上黑色面纱的阿富汗女性的照片。杂志的评论中写道："《Elle》有史以来第一次出现了没有脸部的封面女郎。"这期杂志引起了全世界妇女的极大反响，从某种意义上推动了妇女解放运动的开展。实际上，《Elle》不是第一次、当然也肯定不是最后一次揭示女性所受到的种种虐待，它一直为捍卫妇女的权益和自由进行着不懈斗争。自创刊起，《Elle》就在努力保护女权运动与女性价值观。但《Elle》同时也具有两面性：一方面，它是妇女权益的积极维护者；另一方面，它又在广泛参与建立一种生活模式，这种模式诱使妇女日益崇尚绿色天然的饮食结构、美容美体的化妆护理用品和充满诱惑的时髦服饰。在这本杂志中，鼓吹世俗化与商业化美女形象的文章和广告连篇累牍、随处可见。

当然，没有人愿意忍受阿富汗妇女所遭受的那种束缚，但西方妇女却选择了另外一种自我束缚——就在同一期杂志中，迪奥珠宝公司的一则广告推出了"打造温顺女性"的系列产品：黄金与钻石制造的项上"锁链"与腕上"手铐"赫然出现在杂志的第 30 和 31 页上……

广告媒体与艺术作品中充斥着各种美女形象。因为在人们心目中，女人与美是分不开的，女人就是美的化身。一位法国人类学家在其《美丽的弱势性别》一书中指出："文化中的女性形象与审美中的女性形象是相互重叠的。"在需要展示美的时候，女性总是远胜于男性。女性裸体大约在19世纪便取得了相对于男性裸体的绝对优势。男性裸体只在忠于古典主义的艺术院校得到保留，而且描绘裸体男模的热情正在与日俱减。

从19世纪起，绘画的主题就是女人，人们热衷于描绘完美的女人胴体。男人们通过热情颂扬、甚至过度渲染女性题材的各种艺术形式，来满足自身的性本能和性欲望。男人们倾心歌颂和赞叹女人的美，同时又不断限制和缩小着女人的权利。但你还不能说女人受到了时尚与审美的压制，因为在我们的民主体制中，飘带、高跟鞋、防皱霜并不被看作是限制自由的羁绊，面纱就更算不上什么了。然而我们已经进入了一个高度发达的信息时代，一个外貌和肢体也可以作为表达方式的时代，我们有理由质疑时尚对女人进行诱导的合法性，当然也包括对男人的。

社会虽不强求每一个人都具有完美的躯体，但它却培养了人们的依赖性——人们习惯于依赖某些物质让自己感觉完美。时至今日，身体已经成为每一个人的个人媒介，成为一种带来利润的资本，此乃世俗使然：凡是美丽的容貌与美好的身材都可以成为商品，可以作为交易资本。为了试图说明这种依赖性，笔者试着以编年体形式并按照时间顺序，记述时尚发展史上的所有流行趋势与历史事件。它们大多与女性有关，它们推动每一个人（无论男人和女人）不断走向时尚化。

人们追随时尚有时是出于乐趣、源于好奇，但更多的时候是担心落伍、迫于无奈。

整部西方时尚史在很大程度上就是由法国和美国这两个国家书写出来的：法国人玩高雅，美国人玩现代。如果把法国、美国视作“主谋”，那么英国和意大利就是“帮凶”：英国人制造流行趋势，意大利人则贩卖新潮服饰。

这部最新的西方时尚史由三个重要时期组成：

19 世纪末是**时尚的发祥时期**——那时的女性是时尚的猎取目标；

20 世纪是**时尚的产业化时期**——当时的女性是时尚的广阔市场；

21 世纪初是**时尚的资本化时期**——此时的女性已经变成了时尚手中的筹码……

# 目录 CONTENTS

## 二十一世纪

## 结 语

确实，女人为了赶时髦不惜赴汤蹈火。

——克里斯汀·努齐（Cristina Nuzzi，作家、时尚文化研究者）

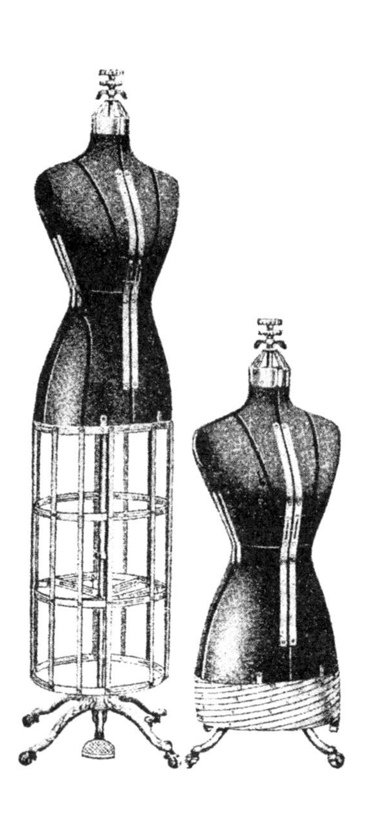

# 引　言

## 时尚的商业化

时尚是人类的一项新发明，也是人类的圆梦机器。作为展示人类穿着打扮的一个产业，它极大地满足了人类的虚荣心。曾经，有钱有势者以华贵而考究的衣着极尽标榜炫耀之能事，显示着区别于寻常百姓与无名小辈的政治和经济优势。时尚在人们的嘴里成了穿衣打扮的代名词。

法国大革命时期曾有一纸敕令，规定人人享有随心所欲的穿衣自由，衣着不再是阶级的象征，从而彻底废除了当时的限制奢侈法，建立了一种民主的穿衣制度。到十八世纪，欧洲人发明了金属织布机和缝纫机，开始面向最广大的人群推广穿衣艺术。后来，美国人把这种穿衣艺术进一步标准化，把服装的尺码和款式进一步规范化，成衣便开始系统地普及开来。

十九世纪初，人们开始疯狂地盲目消费，时尚则随着季节变换不断把专制的审美观念强加给消费者。于是，人们不停地设计，不停地生产，不停地消费，不停地喜新厌旧。一时间，雨后春笋般出现了许多专业的时装杂志、精美的商店橱窗、遍布各个城市的服装商业街……真是“想到新时装，神仙也跳墙”。人们对服装消费的欲火日益炽盛，为了走在时尚前列，他们贪婪地追逐着一个又一个最新款式，生怕沦为落伍之人。

直到二十世纪七十年代，社会才开始强调个性化，逐步舍弃了对千人一款的追逐。这十年是从精神到物质都获得解放的十年，性感与高雅开始相提并论，沙龙内部的色情聚会让位于光天化日下的性解放，直到二十世纪末出现色情文学。

今天，时尚似乎成了每个人的私事。千人一款的形式主义一扫而光，几乎每个人都可以由着性子随意选择和混搭自己的着装风格，不再出于迫不得已而追随时尚。时尚成了一份非正式的邀请，它只是商品社会中人们用来表现自我的一个视觉信号，表示时尚中的个体是一个与社会同步、与时代同步、与潮流同步的现代人，仅此而已。

流行趋势的创造者与传播者向四面八方辐射着一轮又一轮时尚流行周期的社会效应、场合效应与心理效应，吸引着消费大众趋之若鹜。当然，你可以袖手旁观、充耳不闻，但如果你追随时尚，就等于向所有人昭示，你在顺应主流社会的理念，你因此就可以直接或间接地跻身世界消费精英之列！

时尚总能唤起人们关于阶级的联想，刺激人们特别是女人们标新立异、争奇斗艳。尽管营销高手们挖空心思引导男人去留意各种赶时髦的小饰品，但男人们往往较少感染这种时尚疯狂综合征，女性却大多难以幸免。

## 女人的不幸！

偶然重温法国电视制片人黛西·德·加拉尔（Daisy de Galard）女士摄于二十世纪六十年代的系列电视节目《叮当咚》（Dim Dam Dom）片段，我终于得以一窥法国女星玛丽·拉弗莱（Marie Laforet）美目盼兮的奥秘。她那双冷艳幽怨的妙目，引得当时的痴男信女无不心向往之。但实际上，其顾盼之间的流光溢彩与脉脉含情却是精心化妆的结果。她每每要长时间地坐在梳妆台前，以无比的耐心边讲解边演示，详说她那套烦琐的美目化妆术的每个细节。她甚至坦言，她也像许多人一样一眼大一眼小，但她却硬是靠着涂脂抹粉的功夫把这一缺陷掩饰得天衣无缝。

而一个男演员就从来用不着向大众揭示其美目秘诀，因为人们不需要男人的这一套，男人的美是“自然美”。这段影片本来乏善可陈，但玛丽·拉弗莱的坦诚却让人们知道了循规蹈矩的生活有多累。如果说妇女负有修整外表以示人的义务，那么，男人则享有不修边幅即出门的权利。

此前的几个世纪当中，情况却不太一样。那时的男人以打扮自己为乐，哪怕打仗出征也要头戴假发、裙带飘飘，全身上下挂满各种饰物。直到十九世纪，商业资本主义发展到顶峰，在北欧新教徒的带动下，男人们才开始把梳妆打扮的乐趣让给妇女独享。这一切说明，被称为男女之间“自然差异”的性区别，构成了社会表现形式中一种永恒的不平等性的基础。

所有人都认为，女人赶时髦、追时尚是天经地义。实际上，时尚体制所推行的是一种恐怖主义，它借助媒体的大肆炒作，不断变换手法，迫使妇女们为留在社会舞台上而极尽风骚之能事。“不化妆的女人是不明智的女人”，法国化妆师奥利维埃·埃舒德麦森（Olivier Echaudemaison）的这一奇谈怪论曾经众说纷纭。无独有偶，法国现代美容先驱赫莲娜·鲁宾斯坦（Helena Rubinstein）夫人的言论如出一辙：“世上没有丑陋的女性，只有懒惰的妇人。”

回顾历史就会发现，时尚从未停止过对“弱势性别”的折磨，而“强势性别”则以一次次心血来潮的流行趋势巩固着他们的时尚理论。妇女们最终在别无选择的彷徨中一步步走向了服装的男性化。

从手工制作到工业化生产，如虎添翼的时装业、饮食业和化妆品业一起构成了对女性的统治与束缚，而这当中通常少不了女性杂志的助纣为虐。时尚这个“资本主义的爱子”似乎只为女人和赶时髦的无聊之辈而生。

除了女人，男人也越来越难以幸免。在同性恋群体不自觉的压力下，那种每日与剃刀为伍，除了须后水再无任何化妆品，一身西装走天下的传统的男性生活方式被彻底，或几乎彻底地颠覆了。为了突出自己的性优势，男人们开始怎么性感怎么穿，一种追求雄性美的消费方式悄然兴起。

也许，女人日益屈从于时尚的淫威，只是为了在男人面前更胜一筹：既然男人们为追求性感一天天变得不可理喻，女人就越发要显得善解人意。

一旦人们模仿我，我就成为时尚。一旦我成为时尚，我就会很快过时。

——朱尔·勒纳尔（Jules Renard，法国古典作家）

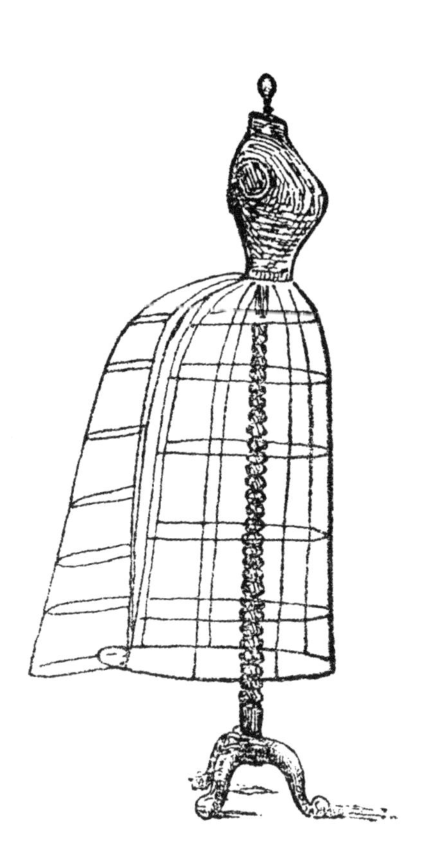

# 十九世纪

## 从宫廷时装到平民成衣

1824 年，第一家面向大众的服装店——“美丽园丁”（Belle Jarsiniere）欣然开张，这一年遂被作为大众化时尚发端的里程碑而永载史册。

尽管女人们在长达几个世纪的时间里尽情陶醉在古典风格的红衫绿袖中，但每当她们在晶莹闪烁的橱窗里看到新款时装时，却依然会沉迷其中难以自拔。社会分配给女人的角色就是充当镶嵌在锦衣华服中的装饰品，这也是她们“在主流社会中的等级属性”。倚仗神权统治世界的男人们掌握着对时尚、或者说对外表的评判标准：遍身罗绮的淑女自是上等妇人，皂裙布衣的百姓永无出头之日。所谓“流行趋势”，自古便是由帝王将相说了算的，他们才是真正的时尚创造者和推动者。

到了工业时代，服装品牌开始作为身份象征日益受到上流社会的追捧，从而形成了另一种形式上的高低贵贱之分。其实，在附体于服装之前，时尚只是一种审美能力的象征，一种社会举止的规范，仅仅表现在人们日常的言谈举止之中。衣着不等于风度，它只是风度的前提。再华丽的衣装也代替不了一个人内在的、与生俱来的高贵气质。直到十八世纪末、十九世纪初，欧洲各国的宫廷始终是以自己的言谈举止垂范天下、推动时尚潮起潮落的；而高级定制设计师为争奇斗艳和标新立异的宫廷贵妇们所设计的新奇时装，却经常成为时尚变化的指挥棒！于是，时尚又成了一把集言行与装束于一身的双刃剑。

受法国大革命影响，时尚被卷入了公元 1000 年以来第一次至简主义浪潮，从而与它的过去彻底决裂。富丽堂皇、豪华奢靡的旧时尚整个被弃如敝屣，取而代之的是朴素简约、温文尔雅的新时尚。人们开始有意识地保护传统的地方服装，以保留真正意义上的民族特色。为了体现民族性，有人甚至设想了一种单一的着装制度，即为本民族全体成员设计一种统一的制服，但不管怎样，这种种族隔离式的服装只是在那些极权革命家的衣柜中挂了挂，没有形成气候，真是万幸！

法国人生性喜欢嘲弄权威，可他们又时时处处离不开权威，所以他们最终还是要保留权威，简直不可救药！随着“暴富新贵”的出现，法兰西帝国又开始穿金戴银、讲究排场，从而形成了一个新的时尚金字塔：塔尖之上的人有钱，有钱就意味着有品位，就可以尽情炫耀；塔基底下的人没钱，他们只能步富人之后尘，并且永难望其项背。

到了 1824 年，宫廷时尚终于蹒跚步入现代化时代，旧时王谢堂前燕开始飞入寻常百姓家。就在这一年，第一家面向大众的服装店——“美丽园丁”（Belle Jarsiniere）欣然开张，这一年遂被作为大众化时尚发端的里程碑而永载史册。

时尚开始与工业化生产和商业化销售相结合，越来越趋向大众化，并进而与为一小撮上等人服务的高级时装业形成泾渭分明的对比。实际上，早在 1770 年，巴黎服装制造商达迪加隆（Dardigalongue）就曾提出普及“现成”标准服装的倡议，可惜无果而终。那个时代还没有做好准备接受这种“下里巴人的低级趣味”。但这又何妨，毕竟“美丽园丁”吸引了（几乎）所有女性和男性渴望的目光，消费者对人造织物与低档服饰的喜好宣告了大众时尚的到来。

# 一窝蜂的女人

这是一个消费猖獗的社会，一个物欲横流的社会。对于那些尚未在时尚中形成自恋情结的妇女来说，也是一个让她们大长学问的社会。

从十七世纪起，法国的商店便开始出售诸如手套、花边、折扇、衣领、头巾、缎带等“小玩意儿”，一些花花公子和高级妓女热衷于用这些小饰物来卖弄风情。一时间，无论男女都以佩戴花边为时髦。法国的阿朗松（Alencon）、尚蒂伊（Chantilly）、瓦伦谢讷（Valenciennes）等地均以擅制花边著名，那里集中着成千上万的工人，他们每天工作 15 个小时，以极大的耐心精工细作着各种花边。有时，仅一副袖口花边就要耗费 10 个月的工时！

高级定制设计师们忙着为高级顾客量身定做各种颜色与款式的豪华时装，而老百姓只穿得起棕灰色的粗布衣衫。到拿破仑统治时期，凡尔赛宫的皇亲国戚们开始兴起一种皇族时尚，他们喜欢用挂毯来装饰所有地方，这样一来，气派倒是有了，只可惜有欠高雅。到雅各宾派专政时期（La Terreur，法国资产阶级自由化革命时期，从1793年5月到1794年7月——译者注），特别是法兰西共和国成立后，男装开始追求英国式的舒适与简约，女装则始终奉行历史崇拜主义，开始复辟倒退，流行起繁杂的复古式样。

总体上看，当时时兴的主要还是舒适实用的服装，这也是时装大众化的结果，就连商业资产阶级也不愿仿效皇室的穷奢极欲，宁愿穿得随便些。新款时装推出的节奏明显放慢，时尚已不再限于少数贵族而开始普及到社会各阶层，服装消费的平均主义开始逐渐蔓延开来，不论高低贵贱，不论贫穷富有，是个人都可以赶赶时髦了。一时间，大街小巷店铺林立，引得妇女们失去理智般地疯狂采购，那种消费病态一如法国大作家埃米尔·左拉（Emile Zola）在其小说《祝太太们幸福》中所作的描述，而一位名叫盖当·加蒂安·德克雷兰勃（Gaetan Gatian de Clerambault）的法国医生在其名著《织物引起女人的性狂热》中对此亦多有论及。歇斯底里的物欲甚至使女人们为过采购瘾而去偷钱，时尚把女人都变成了疯子！

法兰西帝国令高级定制设计师们身价陡增，从社会的角落走到了舞台中央，找到了登上大雅之堂的感觉。他们以美的创造者自居，在身边网罗起一拨拨支持者。他们颐指气使、飞扬跋扈，把女人们摆布得神魂颠倒，把丈夫们的钱袋全部掏空。他们对任何哪怕是再轻微的批评都大加挞伐，根本不把媒体放在眼里。虽然本是一介商人，但他们却处处以艺术家自诩，声称创造高雅者非其莫属，社会风尚也悉由其作俑。

于是，到了玛丽·安托瓦内特时代（Marie Antoinette，法王路易十六的王后，她的时代即十八世纪五十至九十年代——译者注），先有擅使金银丝线的法国人罗丝·贝汀（Rose Bertin）和伊波雷特·勒鲁瓦（Hippolyte Leroy）为广大针线师傅们充当了急先锋；继而，到拿破仑三世时期，又有英国人查尔斯·弗雷德里克·沃斯（Charles Frederic Worth）青出于蓝，正式确立了法国高级时装在时尚界的绝对地位，他的名字也成了时尚的专属代名词。

年轻的沃斯像其他服装设计师一样，深为贵夫人们的华丽衣裙所陶醉，以极大的热情把这些高档服装在人体模型上一套套地复制了出来。二十岁时，他离开英国到巴黎定居，帮助位于巴黎歌剧院旁边的高日兰（Gogelin）商店卖布料。这期间，他尝试着把各种各样的衣料披到一位小巧玲珑的女店员身上，开始一步步走向他“时装展示”的梦幻王国。他的表演在顾客当中引起了巨大反响。他于是娶了他的这位“第一模特”为妻，并与一位瑞典布商奥托·居斯塔夫·博贝格（Otto Gustav Boberg）合作，在巴黎和平大街开起了自己的服装店，由此财源广进，一发而不可收。他曾在一个服装季节里三次将仅供上流社会享用的珍贵面料拿出来展示。他的这一发明不胫而走，一时间，无论女装还是男装设计师都开始在欧洲和美国悄然玩起了服装展示。不仅如此，沃斯还是在沙龙里用真人模特展示时装、吸引顾客的世界第一人。到十九世纪末，另一位英国人达芙 – 戈登（Duff-Gordon）组织了一次真正意义上的时装表演，每一场模特走台都有音乐伴奏，并且固定时间。那次表演遍邀文艺名流与达官显贵。素以优雅著称的沃斯夫人以一袭“简单至极”的白缎花点长裙成为此次服装盛典的首席明星。后来，拿破仑三世及皇后尤金妮（Eugenic）在一次购物时相中了这套长裙。自此，皇帝夫妇便指定查尔斯·弗雷德里克·沃斯为宫廷御用服装设计师。

单线和双线缝纫机的完善，纺织行业的机械化，面料、刺绣、花边、鞋帽等产品的工业化生产最终为大众时尚的快速发展打开了大门。高档百货商店也成为这些普及化、大众化时尚的新殿堂。自“美丽园丁”之后，又有“三区”（les Trois Quartiers）商店在巴黎马德兰落成。随后，接踵而至的还有“好商佳”（le Bon Marche）、“卢浮宫名店”（les Grands Magasins du Louvre）、“市政厅百货市场”（le Bazar de l’hotel de Ville），以及“春天百货”（le Printemps）、“联合商场”（les Magasins Reunis）、“莎玛丽丹百货”（la Samaritaine）等。这是一个消费猖獗的社会，一个物欲横流的社会。对于那些尚未在时尚中形成自恋情结的妇女来说，也是一个让她们大长学问的社会。

直到十八世纪末还专属上流社会的镜子如今也开始普及开来，人们用它来打量自己、修整形象、美化仪容。如果说，美丽有其一成不变的固定模式，那么，追求美丽也可以成为妇女自主自立、摆脱家务的一种方式。在这一点上，妇女杂志就像那些及时推出开放柜台的百货商店一样，起到了重要的推动和引导作用。杂志上的许多文章都在极力诱使那些终日围着锅台转的家庭妇女去尝试高雅生活方式，从而为她们掀开了美化自己的新篇章。这些杂志通常发行量都不高，其读者群锁定为对设计师言听计从的社会名流与精英。1879 年创刊的《时尚小回声》(*Petit Echo de la Mode*)就是这样一种杂志。它以详细解述时尚、提供精辟见解著称，发行量只有几万份。当然它现在已经逐渐开始大众化。

十九世纪初，还出现了时尚摄影与时尚广告，时尚摄影可以比素描更真实地再现新款时装，时尚广告则可以把最新的时装设计与制作工艺传播得更远更广。如果说，女性杂志的核心内容系由时尚与美容专栏构成，那么，另外那些保护妇女权益的内容则有助于平抑对这些商业杂志横挑鼻子竖挑眼的流言蜚语。实事求是地讲，那些反映女性生活的文章与报道不仅帮助妇女们追求解放，而且让她们掌握了更多的医学知识，学会了关照自己的身体，发现自己的性取向，甚至学会了怎样为丈夫做一顿可口的饭菜。

# 女人与昆虫

> 女人的追求享乐与展现个性已经异化为超负荷的装饰和打扮……赶时髦的女人甚至不惜变成动物印象派！

蒸汽机以挟风裹雷的非凡气势把人类社会带入了工业化时代。大量农业人口涌入城市，并试图通过模仿富人成为新的消费一族，哪怕那些时装穿在身上再不合适，哪怕一套衣服的价格要抵上一个售货员或工人几星期的薪水。

拿破仑三世时期（约 1848 至 1867 年——译者注）的时装依然因循路易·菲利普时期（约 1830 至 1848 年——译者注）的自然主义，只是把服装轮廓演变为一种更加纯粹的“自然”风格：削肩露颈、上身紧窄、裙摆巨大，让女人们看上去活像一只只大蜜蜂；男人们则有如金龟子一般，终日一身胀鼓鼓的黑礼服。这以后的很长时间内，男装变得日益刻板、冷峻，一如法国诗人波德莱尔（Baudelaire）所言：男人们沦落为“一支庞大的殡葬工大军，他们有搞政治的殡葬工、有谈恋爱的殡葬工，总之是由各色人等汇聚而成的殡葬工”。他们越来越看不上祖辈们那种不讲搭配的穿衣方式，崇尚享乐主义的男人们终日一身三件套：西装、马甲、西裤。绅士们还要配上平底皮鞋、手套、手杖和高筒礼帽。只有骑着自行车满处跑的愣头青和傻瓜才戴那种扁平草帽。渐渐地，男人们只在心里偶尔动一下赶时髦的无聊念头，而女人们则一如既往地将这种无聊外化为全身的行头。难怪有人说：“女人生来便是女人，男人后来才变成男人。”

女人的追求享乐与展现个性已经异化为超负荷的装饰和打扮。时髦女郎简直就是落在男人手中的礼品箱。“男人为女人款款解开胸衣丝带”，这种含蓄词句一向被认为是对性爱的象征性描写，暗示女人心甘情愿地委身相许。这种暗示如此有效，以致男人们始终乐此不疲，哪怕丝带已被搭扣代替，哪怕款款解开丝带的优雅已经沦为匆匆拧开搭扣的粗鄙。反正结果都一样，不如一下搞定！

第二帝国（1852 至 1870 年——译者注）时代的装饰品设计主要是刻意抄袭路易十五、路易十六和文艺复兴时期（这三个时期大约从十五世纪持续到十八世纪——译者注）的风格。无论是椅垫、花边、帷幔，还是女子服饰，无不沿袭着那个时代的疯狂、奢华、铺张和繁杂。种种夸张的装饰看似煞有介事，实则弄巧成拙。

一个名叫利波马诺（Lippomano）、爱好美学的威尼斯驻法国大使秘书说："在种种配饰之下，法国女人的身材其实是比较瘦小的；她们以腰束紧腰带、身披花饰布、裙衬大圆环为荣，借以增加自己的风姿。衬衣外面还要穿上被她们形容为'叮入身体'的后系带紧身衣，借以支撑上身，并使胸部更加坚挺。"说这话时是1580年。三个世纪以后，流行时尚又像被甩到尽头、开始向回转动的溜溜球一样再兴复古浪潮，本来几乎没有离开过女人身体的紧身胸衣又开始大行其道。女人们用这种衣服把上身束成三角形，用以绷出乳房、收回肚子、勒紧腰部、翘起屁股，下身还要挂上沉重的鲸须裙撑。这样一来，身材倒是出来了，而可怜的女人们也被分割成了两半，上面就剩了胸部，下边只剩了髋部。巨大的衬架裙成了女人身材的典型标志，把她们一个个都变成了不堪重负的苦行僧。好在后来有人发明了马尾衬垫，坠在女人屁股后面，比那种把裙子全部撑起的钢架子轻巧得多，也比那种贴在下身的马尾衬裙好看得多。在长达几个世纪又几十年的时间里，女人们的下半部分只有裙子，看不见腿和脚。此时，她们的新形象虽然不再显得那么沉重，但两个夸张的灯笼袖、一条长长的虾尾巴再次把她们变成了一只大昆虫。赶时髦的女人这下子全都成了动物印象派了！

# 田园时尚与都市时尚

女工人、女职员、女教师、女学生们试图建立一种新的穿衣规范，推广与男装毫无二致的女装，并同时推动妇女的独立。但这场穿衣战斗离胜利还差得很远。

“妇女特权的扩张就是社会进步的总原则”，有人曾经表达过这样的观点。但禁锢着女人的腰垫和“空竹”般的造型似乎并不是什么特权，恐怕连审美意义上的特权都说不上。耽于享乐的上流女性从不与社会的进步发生关系，她们只是社会演变的旁观者。奢华者终日奢华，苦难者依旧苦难，彼此各不相干。而女工人、女职员、女教师、女学生们则制定了她们自己的行动纲领，尽管这些纲领起初内容贫乏，但随后却日益完善。其主旨就是伸张女权、摆脱压迫、争取平等，改变女性卑微被动的社会地位——凭什么衣着的舒适性只能适用于男人？

随着自行车在中下阶层妇女当中的普及，她们开始感到，穿着束缚到骨盆的上衣和宽大到脚面的长裙骑车太费劲，所以不得不寻找更加适宜的服装，并从这种经济适用的代步工具中体会到了一点被解放的滋味。最开始满足妇女骑车需求的服装是更加轻便的羊毛胸衣（至少能让她们喘气均匀些）、短裙裤和短外套。由于裤子正好是从私处开始分开左右腿，于是女裤很快就演化成了短裙裤。

而胸罩则在一位名叫露西尔（Lucille）的美国女子的极力推崇下开始时兴起来。这位美国设计师不仅彻底丢弃了胸衣，而且崇尚内衣外穿。在她的带动下，女人的内衣兼外衣便由此拥有了舒适与诱惑兼备的功能，而且更加激发了男人们如苍蝇逐臭般的偷窥癖好。“被迫从事体力劳动的女人虽不得不卸下各种琐碎服饰，但在生活中却同样可以保有自己的隐私，譬如，她们的随身行装就充满了神秘感。”有人替男人们说出了这样的心里话。

女人似乎注定要饱受时尚之苦却还要甘之如饴——改良主义者们推出了许多既无灵魂又无美感的服装，试图阻止妇女们伤风败俗的暴露穿着，但可惜无济于事。他们推出的那些清教徒风格的服饰只能勉强吸引那些最循规蹈矩的保守型妇女。

世纪末的到来加剧了农村人口向城市的转移，越来越多的就业人口蜂拥到昏暗而拥挤的都市里。到了周日，巴黎的中下阶层便都跑到马恩河畔去躲清静，雷诺阿（Renoir，法国印象派绘画大师——译者注）画笔下的小酒馆舞会描绘的便是这种下层劳动者闲暇时的自娱自乐。而上流社会则开创了属于他们自己的娱乐方式：到海滨浴场戏水、开车兜风、做各种体育运动。这一切迅速形成了另外一种时尚，同时也引发了人们对宽松式服装的需求。尽管如此，那个时代毕竟不同于现在，大部分人依然羞于暴露自己的身体。当专门用于骑车的灯笼裤问世时，道学家们愤怒了，他们不能容忍如此伤风败俗的恶劣行径。在他们看来，女人骑在这种双轮铁架子上的动作极其不雅，毫无体面可言。压迫越深，反抗越重。后来，上层社会的贵妇们也迷上了这种“铁架子马”并乐此不疲，这就更让他们义愤填膺了。

英国女贵族哈伯顿（Harburton）伯爵夫人开设了一家“理性穿衣公司”，并创办私学，试图建立一种新的穿衣规范，推广与男装毫无二致的妇女运动装，并同时推动妇女的独立。这位伯爵夫人还极力捍卫女性穿短裙裤的权利。但这场穿衣战斗离胜利还差得很远，因为飘忽不定的流行趋势又变换了方向。毕竟，酷爱户外消遣的女遗产继承人和需要经常抛头露面的正经女人少之又少，她们不足以构成具有足够吸引力的客户群。高级定制设计师们更喜欢那些热衷穿着而又花钱如流水的风流女郎、交际花、女戏子，以及那些出卖色相的风尘女子。由于这些客户的存在，高级定制设计师的“美好年代”（1890—1914 年，法国的太平盛世时代——译者注）一直持续到下一个世纪。而新的世纪将是一个专制当道、独裁横行的世纪。

同样是这个世界，既令人感慨地捍卫着女人的纯洁，为自身的罪恶勾当感到痛苦万分，但同时却依然忍不住经营着这些勾当，甚至从中渔利。

——斯蒂芬·茨威格（Stefan Zweig，奥地利作家）

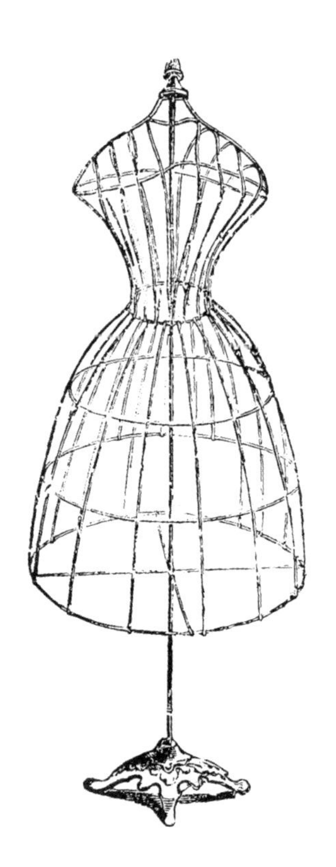

# 二十世纪

# 妇女的解放

被时尚禁锢得无以复加的女“玩偶”们，在渴望自由的呼声中与反面宣传的努力下，最终抛弃了紧身衣，尽管其间不无懊悔与失落。

1900 年举办的巴黎国际博览会不仅让人们认识了电的威力，而且还认识了高级定制设计师！有史以来第一次，各家定制师傅汇集到了一个展台，用一种统一的标准体型来展示他们的设计技巧和各种艳丽的“花活”。沃斯、卡洛特姐妹（Les Soeurs Callot）、雅克·杜塞（Jacques Doucet）、让娜·帕奎因（Jeanne Paquin）、德莱科尔（Drecoll）、谢尔米（Cheruit）等诸多设计师不约而同地都推出了一样的沙漏状服装：下身由紧固的鲸须撑起，上身则双肩隆起、两袖细长。为了收腰、挺髋，由硬衣撑固定的紧身胸衣紧紧裹住了女人的上身。迷人倒是迷人，可体质稍弱的女性经常因承受不住这样的迷人而中风。女人的腰围通常要收到只有 50 或 60 厘米，甚至更紧——紧身胸衣已经把上身紧紧固定，坚硬的立领还一直裹到了下巴颏。

被时尚禁锢得无以复加的女“玩偶”们就这样踯躅步入新世纪。“这年头，女人们全身都被裹得臃肿不堪。袖子鼓鼓囊囊，腰部又填又垫，屁股撅得老高。简直荒唐！”举世闻名的美国时装杂志《Vogue》在被迫给女人们出谋划策、教她们如何才能坐到椅子上时这样感叹。“给女人脱衣服简直就像在攻克一座堡垒。”一些精于此道的男人也在附和这种观点。

幸好，职业妇女们发现了由英国人瑞得芬（Radfern）发明的简便套装：长上衣、直筒裙。如此而已。她们称之为“轻便服装”。与此同时，盎格鲁－撒克逊人还推出了一位动画女星“吉普森姑娘”（Gibson Girl），这是个“既美丽非凡，又酷爱运动，甚至还参加各种体育比赛的现代女性”。她生性谦逊而活跃，总是穿着简单得不能再简单的浅色衬衣、深色裙子，与男人们一身灰黑的打扮倒是相映成趣。

20 世纪初的男人们总是穿着一成不变的礼服、马甲和笔管条直的西裤，没有任何多余装饰。如果有，那也只是上唇两撇尖尖翘起的八字胡，或修剪得如草坪般整齐的一字胡，或浓密得像杂草般蓬乱的“宪兵胡”。反正只要是胡子就能构成对女人的挑逗——接吻时被蹭得痒痒的那种感觉就是女人们莫大的享受。

人类再一次开始向紧身衣宣战。医生、女权主义者和政客们试图像削皮一样一点点地削减紧身衣的用途，有人则干脆主张予以彻底取消。为了说明“紧身衣是造成人类死亡的原因之一，或至少有时是造成猝死的元凶之一，或至少会导致肉体的衰弱和精神的萎靡”，美国医生阿拉贝拉·肯尼利（Arabella Kenealy）给猴子穿上这种囚衣式的紧身衣，并四处向人们展示它们的痛苦。渴望自由的呼声与反面宣传的努力终于结出硕果，女人们最终抛弃了紧身衣，尽管其间不无懊悔与失落。

在盎格鲁－撒克逊国家，一些极端的女权主义者甚至把所有时装设计师和制造商都列为宣战对象，连那个为取消所有繁杂服饰而奔走呼号的美国人吕西尔也没有放过。一般来说，法国高级定制设计师保罗·波烈（Paul Poiret）被认为是消灭紧身衣的第一功臣，但我宁愿换一种说法：人们之所以认为是他把女性从紧身衣中解救出来，完全是历史的阴错阳差。我们绝对有理由怀疑这位设计风格夸张、戏剧色彩浓厚的大善人的真实意图，因为他同时还推出了“苏丹王妃”式的时装系列和下摆很紧的长裙，其风格不仅接近古装，而且更像东方淑女的装束。尽管他的设计里没有紧身衣，但如此装束远不能得出彻底解放妇女的结论。

面对种种微词，这位大师反戈一击：“时尚需要一位暴君……就像所有的革命一样，取消紧身衣是以自由的名义进行的，目的是给女人的腹部腾出更多的空间。”保罗·波烈极擅社交与钻营，他依靠广泛的人际关系推销他的服饰时尚和穿衣哲学。当然，他得以成功的另一个原因是当时的人们颇受美英影响，既渴望疯狂与放纵，又苛求卫生与安全，对当时的流行时尚从心底里厌倦。对此，法国的正统国粹主义者们总是耿耿于怀："美国的发达虽然令人羡慕，但它没有权力把它的女权主义思想和粗鄙不堪的品位强加于人。"

英国有位商人从1883年起就开始向人们展示德国医生古斯塔夫·吉格（Gustav Geager）的发明创造，后者坚决主张使用动物纤维制作"实用、卫生而不是华而不实、不讲卫生的"面料。而保罗·波烈则依然故我地沉浸在他的异想天开之中，其极富装饰性的设计在当时让人赏心悦目的程度丝毫不亚于当今的法国设计大师克利斯汀·拉克鲁瓦（Christian Lacroix）和约翰·加利亚诺（John Galliano）。其实，像保罗·波烈这样的高级定制设计师根本不懂舒适和实用为何物，他们无视妇女追求舒适的权益，更不把当时科班出身的学院派设计师放在眼里。他们只是一味地哗众取宠，强行把人们的目光吸引到其极具表演色彩的华丽设计上，并以此博取观众的掌声。当然，时尚确实也需要一个舞台来展示自己，"一个没有时尚的国家，简直就是一个连起码的美的韵律都被剥夺的、充满痛苦的国家，是萨特（Paul Sartre，法国哲学家——译者注）笔下的地狱，是没有鲜花的花园，是没有窗户的住宅"，法国作家克劳德·萨尔维（Claude Salvy）在《我曾感受时尚生命》一书中如是感叹。

我们忘不了这些高级定制设计师们费了多大劲才把他们矫揉造作、华而不实的作风转变过来。1917年10月13日，美国《女装日报》发表了保罗·波烈为100年后的2017年设计的未来款服装，结果令人大失所望！人们看到的还是他一贯擅长的那套土耳其式的细腻风格，这样的所谓未来式设计充其量只是一包把现有物品保存一百年的樟脑球。与此同时，在纽约的大街上，依旧活跃的女权主义者们正在举行大规模示威游行，要求享有不赶时髦的权利。

# 束腰时代

崇尚丰满的十九世纪时尚已彻底过时，年轻的姑娘们天天担心自己身上的肉太多。纤胸、细腰、长腿、短发、长衣、短裙……成为人们追求的新风尚。

顺风顺水进入二十世纪的“美好年代”被第一次世界大战挡住了脚步。如果说，这场战争对于身陷其中的男人是一次可怕的噩梦，那么，它倒是加快了女人独立的步伐——她们不得不穿起短裤，家里家外地辛勤劳作，以养活家庭，并维持战争经济的运转。残酷的现实已不允许她们再精心梳妆了。“战争在延长，而裙子却变短了！”作家们评述着这种奇特的对比，漫画家们更是夸大着这种黑色幽默。

“一战”结束后，女人服装的轻便化引起了人们审美观点的变化，促进了女人与男人的进一步平等——她们只需随便穿上点男装就可以出门了。但在这种两性服装大融合的时候，依然有一点让人感到不安，那就是我们曾经再三提到的男人相对于女人的绝对优势。女人的时装其实经常是在“抄袭”男人的时装，极少有相反情况发生，因为男装要比女装更舒服，也更适于在日常生活中穿着。

历史上，男人也曾在相当长的时期内穿着裙子，只是后来为了打仗的需要才脱掉。从“一战”结束后到“二战”开始前的这段时光，就在这种两性合一的时尚中波澜不惊地过去了。崇尚丰满的十九世纪时尚已彻底过时，追求珠圆玉润的时代一去不复返了。“肥美女性可以休矣。现代女性的身段应该更加灵活。”持此观点的女人们开始追求平板一样的身材，她们不再以曲线为美，她们胸部扁平、身材细直，穿上衣服一点都看不出腰身。这还不够，为了显得更加苗条，她们用弹力胸衣和松紧带把乳房包得紧紧的，把身段弄得又平又直，还要再辅以食物和药物来瘦身。盲从的女人们就这样被推进了一个新的时尚模具里。

化妆品产业开足马力进行生产和促销，大肆贩卖各种健美软膏和“外国高科技”产品，为狂热地推广专制审美模式的时装产业推波助澜。

来自俄罗斯的芭蕾舞表演掀起了一场解放女人身体的新高潮，让女人有机会通过飞速旋转的悲情动作来展示自己的四肢与躯干。俄式舞蹈所营造的东方氛围让时尚也开始转动起来，人们开始以年轻、高大、身材修长的东欧女性为美，这是一种没有瑕疵的美，一种端庄贤淑、怡情养眼的美。

在时尚从业者的眼中，女人就该永远“折服”在不可逆转的时尚专制脚下。他们“压根就不晓得天底下还有打扮不出来的丑女人和矮女人”！不丑不矮的寻常女人就更不在话下了。“每个服装设计师都以超人自居，自认是这个世界的哲学大师尼采（Nietzsche），他们自命不凡，试图将其时尚理念灌输给每一个人。”《Vogue》杂志曾在1913年做过这样的评论：“出于虚荣，他们每个人都把持着某个时装展览会的展销摊位，展示和兜售着自己最得意的设计，并声称天下只有一种时尚，而自己就是这种时尚的原始创造者。”

体育运动和户外活动的兴起使女人们得以保持身材，由二角裤、紧身褡、胸罩和紧身胸衣组合而成的新潮内衣系列让女人们的身体更显健美。创始于1918年的小帆船（Petit Bateau）牌短裤本来是专门给儿童生产的，但当时却成了成年女性的抢手货。透明高筒袜虽然时髦，但久在户外的女人们却被晒黑了腿。男式睡衣成了户内户外都能穿的便服，并逐渐演变成了用羊毛或真丝绉织成的既轻又薄的慢跑服。

体育运动的兴起顺理成章地催生了“运动服装”，其款式简单、穿着方便，甫一问世便成了美国人的最爱。定居美国的德国人卡尔·杨岑（Karl Yantzen）与人合作开发出一种平针编织面料，这种面料最初只用来做加厚的护腕，后来被他做成了洗澡或游泳前后贴身穿着的浴衣；1910年后，这种原来被称作“海水浴衣”的服装有了一个更加贴切的新名称：游泳衣。为了顺应当时的潮流，法国高级定制设计师让·巴杜（Jean Patou）率先动用美国的职业模特，开始大搞运动时装秀。这些美国姑娘身材健壮、肌肉发达，她们演绎运动服装的效果远胜于清高、文静的巴黎姑娘。而巴杜的这种所谓的巴黎时尚立刻被保守主义者和极端主义者们定下了伤风败俗的罪名。

1925 年，贝尼托·墨索里尼（Benito Mussolini）在意大利半岛建立了专制集权。这位领袖一上台就开始在各个领域实行专政，包括经济和艺术领域，甚至连时尚界也不能幸免，其目的就是要“把意大利妇女从法国设计师的专制下解放出来”。这是 1926 年 8 月 23 日的美国《女装日报》（*Women's Wear Daily*）的报道。

让·巴杜、玛德莱纳·德·罗什（Madeleine De Rauch），以及后来以可可·香奈儿（Coco Chanel）品牌名扬天下的加布里埃·香奈儿（Gabrielle Chasnel）等高级定制设计师，为时尚界带来了一股清新的自由之风。他们把客户群定位于那些越来越具独立性、从事服务业工作的职业妇女，而其他那些跟不上现代化潮流的设计师如雅克·杜塞或保罗·布瓦莱则逐渐对香奈儿们表现出一些不屑。

事实上，香奈儿最终成了这一现代化潮流的代言人，她向时尚杂志《Vogue》阐述了她的观点：“时尚不只存在于服装中，它还遍布在空气里。它反映了我们的思想、我们的生活经历以及我们的境遇。”香奈儿被《Vogue》称为“时装界的福特”，原因是她像美国人福特建立汽车王国一样，建立了产业化、大众化的服装体系。她对时装的原则就是“增一件不如减一件，减一件不如减两件，因为任何美都比不上自由的身体”。女人的身体因此就瘦下来了。年轻的姑娘们天天担心自己身上的肉太多。有人评价说：“呜呼，香奈儿让天下人产生了一个怪念头，那就是减肥！”纤胸、细腰、长腿、短发、长衣、短裙，头戴小帽、身如麻秆，无论是足迹遍及全球的明星优伶还是被讥为末日世界垮掉一代的姑娘少女，都从没显得像现在这样贞洁守节、风流不再。

二十世纪二十年代初，人们开始佩戴着羽毛、流苏、珍珠和各种小饰品出入歌舞厅和小酒馆，无论男人女人都尽情陶醉于查尔斯敦舞（Charleston，1920—1925 年流行于欧洲的美国舞——译者注）的节奏之中，希冀以此来忘掉第一次世界大战带给他们的伤害。不仅如此，各种异常的性关系，如女人间的同性恋、男人间的同性恋，以及男性变女性、女性变男性的性别互换都成了一种新时尚。在这场游戏中每一个人都随时准备戴上不同的面具。

随后，两大美容企业赫莲娜·鲁宾斯坦和伊丽莎白·雅顿（Elizabeth Arden）异军突起，开始用机器生产各种用于美容的粉、膏、乳，一跃成为工业化妆品的领军人物。女人们开始搽腮红、扑香粉、抹红唇（到这时候，第一支口红已经出现）、涂睫毛、画眼影、染头发，用各种人工合成的新型化妆品来打扮自己。赫莲娜·鲁宾斯坦更是发明新型化妆品的顶尖高手，她发明了第一支自动防水睫毛膏、第一瓶具有深层修复功能的强力卸妆水、第一瓶深层补水的润肤露，以及第一支被广告宣称“确经实验证明”的植物润肤霜。

# 黑色世界

> 永远不会过时的黑色长裙成了简约、长久的化身，黑色套装成了男人们不离身的行头。电影成了时尚最好的推销手段，它唤起了人们赶时髦的热情……

1929年10月24日，纽约证券交易市场像一座根基不稳的纸牌塔一样坍塌了，这个黑色星期四埋葬了无数笔巨大的财富，并使数百万阔佬、阔太一夜之间沦为赤贫。为了哀悼金融界的这场不幸变故，时尚也穿起了黑色衣服，共同分担一些痛苦。其实，黑色原本是上流社会寡妇们所钟爱的颜色，它总会让人联想起为死人敲响的丧钟。

“没有一位有品位的女士在其晚礼服中不准备一件黑色长裙，因为它可以在任何场合穿着。”《Vogue》杂志提出了这样的建议。永远不会过时的黑色长裙成了简约、长久的化身，特别是其“放之四海而皆准”的颜色属性使它成为一种永恒的时尚，进而给那些永远追不上时尚的“凡妇俗女”们一点安慰，让她们在出入社交场合时不致显得太不得体。“如此一来，黑色便成了一种一成不变的社会色，进而掩盖了岁月给社会带来的种种变化，总让人觉得神秘兮兮。”一本名为《穿黑衣的男人》的书中这样写道。

确实，男人们永远是黑色套装不离身，就像美国黑白电影里的主人公一样。电影成了娱乐产业的象征，成了抚平人们心灵创伤的安慰剂，从黑白发展到彩色，从无声发展到有声。在黑乎乎的电影院里，好莱坞向人们一幕幕展示着它在梦工厂中制作的豪华大场面，用摄影棚里的人造世界来代替人们的日常生活。它所造就的一大批娇艳女星，如珍·哈露（Jean Harlow）、葛丽泰·嘉宝（Greta Garbo）、玛琳·黛德丽（Marlene Dietrich）、卡洛尔·隆巴德（Carole Lombard）、梅·韦斯特（Mae West）等，一个个轻裘肥马、浓妆艳抹、穿金戴银、珠光宝气，极尽奢华铺排之能事。“在终日为经济衰退、政治僵化和意识形态冲突所困扰的西方世界，华衣锦服的明星们把女性演绎得风情万种。”有人发出这样的慨叹。一时间，红男绿女无不为银幕上的美艳形象所深深打动。

电影成了时尚最好的推销手段，它唤起了人们赶时髦的热情。女人们都渴望像电影里的角色那样狐皮大衣加身、豪华长裙曳地，好好风光一下。美国的保守人士开始跳出来大泼冷水，他们警告国人要当心那些电影明星们的放荡不羁。《Vogue》也不失时机地发表声明：“必须再三强调，在商务场所或办公室绝对不宜穿着运动服装或晚礼服，短袖服装更是绝对禁止。”美国参议员海斯（Hays）更是亲自担任某风化审查机构的负责人，对种种过分放荡的苗头严加防范。在这样一个由长老会制定道德准则的社会里，露出膝盖都是不允许的。

与此同时，似乎是为了响应美国的“严刑峻法”，欧洲大陆响起了法西斯的铁蹄声。在西班牙，在意大利，在德国，在希腊，当兵的日夜擦拭着自己的武器，准备开打第二次世界大战。也许是为了抵消这个时代的黑暗，意大利高级定制设计师艾尔莎·夏帕瑞丽（Elsa Schıaparelli）推出了一组色彩艳丽而又极富挑战性的时装，她把粉色、蓝色、绿色搭配在一起，特意追求一种不协调的效果，结果引起了巨大的轰动。她的这种既扭曲而又充满奇思妙想的设计为后来的超现实主义埋下了伏笔。在另一组名为“拒绝品位、拒绝思想”的时装系列中，她打破常规，构思了许多具有“断层美”的奇装异服，如办公室里穿的长裙、烤肉排形状的帽子和蔬菜形状的首饰。作为萨尔瓦多·达利（Salvador Dali，西班牙超现实主义绘画大师——译者注）的朋友，她从这位画家的作品中借鉴了许多奇妙的灵感，并因此获得了意想不到的效果。为了对抗那些道貌岸然的卫道士，她再出惊世骇俗的手笔，推出了一款名为“震惊”（Shocking Petard）的香水，其香型世所未闻，其瓶型则是按好莱坞美女梅·韦斯特身材设计的丰满圆润的女人上身。后来，法国流行趋势设计师让－保罗·高提耶（Jean-paul Gaultier）也推出过同样的瓶型。艾尔莎的思想十分前卫，从来不循规蹈矩。1936 年，她在位于巴黎凡顿广场（Place Vendome）的设计室一层开了一家自选专卖店，专卖前卫时装和服饰。此举令巴黎的高级定制设计师们莫名惊诧，他们不能容许在如此高尚的地段出现一家“自选商店”。但艾尔莎前卫惯了，在从事高级定制设计之前，她还曾经在巴黎和平大街开过一家体育服装店，摆出来的都是巴黎人从没见过的美国运动服装。

电影明星成了世界的新主宰，她们建立了由她们自己掌控的时尚专制体系，迫使广大女性随她们一起进入一种虚幻的生活，每天不停地梳妆打扮、争奇斗艳，靠涂脂抹粉来吸引男人甚至保住丈夫！好莱坞的化妆师麦克斯·法克特（Max Factor）后来发明了一种名为“油脂蛋糕”的粉底油，可以在脸部形成一层均匀油脂，遮盖一切缺陷。各类美容机构也都摇身一变成了修复外表的圣殿。不光是化妆品行业，就连医院的整形外科也开始使用一种标准化的塑料产品来仿制女性身体的某些部位。此外，那些体态臃肿、缺乏魅力的妇女还被推荐去尝试一种石蜡浴。据 1932 年 10 月 22 日法国《L' illustration》杂志介绍，这种石蜡浴“就是在接受治疗的女性身体上涂满勉强可以承受的热石蜡油，涂完再包上一层薄绵纸，然后用厚被子把全身裹严。就这样发汗 20 分钟，随后再去接受按摩，并用酒精使劲摩擦身体以消耗热量，保证至少能减掉几百克体重”。此外，还有减肥套餐。

还有专门修复皮肤外伤的整形手术。对于这种手术，有人做了如下评价："把创伤重新划开或切开，再施行缝合、包扎，这样，原来的伤口当时确实就只剩下一道不易察觉的小伤疤。但毕竟人力难违天意，再好的手术也难保疗效持久，两三年后，伤口会变得比手术前更明显，唯一的办法就是再次进行手术。"

女人们像着了魔一样地追求着外表美，一刻也不愿停息。如果说，这种追求让女人为保持青春靓丽而不惜重金、不惜精力、不怕一次又一次的失望，那么，男人的追求就要简单得多。他们只需穿上白色衬衣、打上深色领带，套上双排扣西装，再戴顶软帽，就足以保证身材挺拔、腹部平平。绅士们喜出望外地发现，有了双排扣西装，他们日渐隆起的大肚皮立刻就显得不那么扎眼了。如此一来，男人女人各得其所，一个为了追求美丽被迫上下求索，一个却能以主动姿态凌驾于这种追求之上。

# 呼唤宽松

> 从 1934 年夏天开始，人们在巴黎街头穿短裤散步就已经像穿套装走路一样习以为常了。一向注重名声的绅士们终于也发现了时尚自由化的好处。

长久以来，那些靠年金过活、终日游手好闲的“息爷”们一直是人们羡慕的对象，包括他们那不为劳苦大众所拥有的白皙皮肤。但随着户外体育运动和海滨疗养之风的兴起，皮肤晒得黝黑成了有钱的标志，白皮肤的反而都是些穷人。为了避免有钱人的皮肤因日晒而干燥起皱，伊丽莎白·雅顿于 1935 年推出了一款备受消费者追捧的化妆品，那就是以配方独特和销量惊人而著称的“八小时保湿润肤乳”。当时的广告语声称：“这是唯一一款八小时连续保湿的润肤乳！”

为了让皮肤更好地享受日光浴、海水浴和众人的“目光浴”，同时为了凸显自己的健美身材，人们开始偏爱既轻又薄的海水浴衣，后来，也许是出于经济学的考虑，这种海水浴衣演变成了只遮住乳房和私处的两件套。这种伤风败俗的自由化令讲究礼仪的正人君子们痛心疾首，但时尚却义无反顾地继续着它的革新脚步，一款款新式运动背心和运动短裤伴随着人们对蓝色海岸的向往不断问世。法国高级定制设计师雅克·海姆（Jacques Heim）举行了一场以“沙滩装”为主题的时装发布会，重点推出的就是波利尼西亚（太平洋中部群岛——译者注）风格的纯棉海滨裙裤。老百姓对此趋之若鹜，上流社会却不太买账，因为那时的上等人是不穿棉布衣服的。到 1946 年，他又以“原子”为主题做了一场发布会，首次推出了以“比基尼”（Bikini）命名的两件套泳装，因为这一年美国在太平洋上的比基尼小岛成功爆炸了世界上第一颗原子弹。其实，按照《名人》杂志 1934 年 9 月 15 日文章的说法，从 1934 年夏天开始，“人们在巴黎街头穿短裤散步就已经像穿套装走路一样习以为常了，但这还不是身体与道德双重自由的最高顶点，到后来，母亲们甚至穿着短裤带孩子上街或到商场买东西”。人们并未因此而变得道德沦丧。

曾经在美国生活过一段时间的法国高级定制设计师吕西安·勒龙（Lucien Lelong）深受美国唯理论主义影响，他建立了一条生产线，以“吕西安·勒龙版型”为商标，限量生产仅需小小修改就可供各种身材穿着的裙装，然而，这种超前的成衣生产模式却并未受到同行们的认可。

一向注重名声的绅士们终于也发现了时尚自由化的好处。美国男演员克拉克·盖博（Clark Gable）无意中带了个头。在美国导演法兰克·卡普拉（Frank Capra）执导的电影《一夜风流》（*It Happened One Night*）中，盖博居然甩掉衬衣，打起了赤膊！他还因此得了个奥斯卡奖。一时间，上百万男人开始争相模仿他的表演，他们从此不穿背心，并动辄脱掉衬衣，赤裸上身。谁再穿背心谁就会被贬为假正经。

1936 年开始实行的带薪休假制度掀起了一场度假高潮，男女老少都开始热衷于待在太阳底下一动不动，好把自己的皮肤晒成古铜色。为了让皮肤色泽均匀，同时避免被阳光灼伤，欧仁·舒埃勒（Eugène Schueller，法国化学家、欧莱雅［L'oreal］化妆品公司创办人——译者注）制造了一种椰子味的助晒油，取名"阳光琥珀"（Ambre Solaire），这种助晒油后来成了海滨度假的代名词。广大劳动人民尽情享受着这段不用工作的时光，这期间，满载着名牌奢侈品和时装流行趋势的各种杂志在他们中间也开始越传越广。

由于高级时装的大众化，有史以来第一次，普通家庭的妇女也可以享受到量身定制的高级时装了。由于服装纸样的广泛普及，巴黎时装成了人人均可效仿的对象。下层社会的妇女们勒紧点裤腰带，买一块印花粗布或中低档的毛料，自己辛苦点缝上一些花边或其他花样，就可以赶一赶时髦了；或者来块人造丝面料，穿上后的效果绝不亚于真丝绸，猛一看也像是高尚住宅区里走出的名媛。

为了更好地武装这些买不起名牌却满足于用代用品美化自己的普通女性，各种牌子的化妆品也纷纷开始推出大众化产品。对于这一趋势，有人抨击道：“美丽不是礼品，可以送来送去。美丽是一种习惯！”其实，没有人比女人更了解这一点，她们充分利用各种式样的紧身胸罩来增强自身的魅力，加大对男人的诱惑，正像有人说的那样：“从此，乳罩就成了乳房最舒服的温室。”除了妓女，良家妇女也学会利用乳罩来卖弄风情、勾引男人了。

## 停滞的时尚

> 整个占领时期，法国服装设计师在女性衣着上的权威性和对女性日常生活的影响力都受到了很大局限。战争又一次让妇女们在获得解放的道路上前进了几米……

在两次大战之间的这段和平时光，有许多时装公司新张开业。如巴黎世家（Balenciaga）、让·德塞（Jean Desses）、杰奎斯·菲斯（Jacques Fath）、罗贝尔·皮盖（Robert Piguet）、莲娜丽姿（Nina Ricci）、玛吉·鲁夫（Maggy Rouff）等。它们虽然风格各异，却为巴黎增添了高雅情趣，渲染了精英气派，并形成了一种沙龙时尚。所有人都心服口服地承认，只有巴黎有资格独执女装时尚牛耳，而好莱坞的俗媚和盎格鲁－撒克逊的刻板则相形见绌，不那么招人待见。就像量身定制的高级时装一样，“穷人的时装”不经修改也是穿不出去的。因此，伴随着服装尺码的标准化，成衣业的发展开始崭露头角。但是，这样一种迟来的商业文化还是着实把一向独霸时尚、自命不凡的法国吓了一跳。有人说："很显然，当今时尚的发展想通过自身的变革来补偿一下 1929 年经济危机带来的萧条，问题是已经习惯于过去那种审美标准的人们还没有做好心理准备。"

女人们都变了，她们不再愿意听从设计师的任意摆布，靠摆出种种迷人姿势、露出令男人酥倒的微笑来为沙龙时尚装点门面。1939 年，"二战"前夕，法国奢侈品行业在纽约国际博览会上骄傲地展示了它独霸天下的工艺与设计。从法兰西这座艺术宫殿内走出来的时装、裘皮和香水设计大师们各显神通，将身材颀长的女模特装扮得雍容华贵、仪态万方，让所有人都感受到了做女人的荣耀。电影《乱世佳人》(*Gone With the Wind*) 不仅以其史诗般的恢宏催人泪下，其在室内外多种场合所展示的华丽女裙也足以令时尚爱好者叹为观止。

英国高级定制设计师爱德华·莫林诺克斯 (Edward Molyneux) 曾多次试图振兴本国的时尚业。他与英国时装集团 (Fashion Group) 联手，成立了英国服装设计师协会，旨在推出日常穿着的实用服装。后来，在德军占领期间，这种朴实无华的时尚风格开始在欧洲大陆逐渐推广。

在欧洲各国彼此为敌的"二战"时期，时尚也暂时停止了它的步伐。尽管由于物质的匮乏，设计师们不再能够随心所欲、大手大脚地使用各种面料，但在整个占领期内，他们一直没有停止为一小部分女顾客提供设计服务，这些顾客主要是纳粹及其傀儡政权官员的女眷，以及黑市商人的老婆们。反正给谁做裙子都是做，谈不上爱不爱国，更何况钱也不咬手。只有香奈儿毅然关掉了她的所有公司和工厂，只留下在巴黎康丽街的一间卖服饰、围巾和香水的商店，但她后来却因与一个德国军官的绯闻而自愿被放逐。

纳粹们被法国的时尚魅力深深地迷住了，他们甚至想把那些装饰华丽的高级时装公司全都搬到第三帝国的首都柏林和维也纳。但当时的巴黎时装公会（La Chambre Syndicale De La Couture Parisienne）主席吕西安·勒龙（任期为1937—1947年——译者注）却以非凡的勇气和执着坚决拒绝了任何搬迁要求，当然他也得到了贝当元帅（Petain，德国占领期内的法伪政权首脑——译者注）的支持。他告诉德国人："你们尽可以强迫我们把公司搬过去，但巴黎高级时装是搬不走的。无论整体还是部分，只有在巴黎它才是巴黎高级时装，离开巴黎它就不是巴黎高级时装了。"他最终让德国人相信，离开了巴黎的滋润，他们为之痴迷的法国时尚就不可能再具备那份妙不可言的典雅。纳粹们虽然相信了他的说法，但并不甘心，他们决定给柏林的德国服装设计师提供大量补贴，以在时尚领域建立德国人的一统天下，对抗巴黎。他们还制定了一种定量分配制度，规定法国的服装设计师只能按配额使用面料，其目的就是要限制法国时装的影响，遏制法国人的时装生意，像格瑞斯夫人（Madame Gres）和巴黎世家这样的公司都曾因面料配额的限制而被迫临时关闭。

那时候什么都缺，时尚的法国人最后也不得不把各种票证都交到食品商手中换吃的。妇女们只能把旧衣服改一改当新衣服穿，或者把家里的旧窗帘、旧家具罩改成衣服。她们再一次无可争辩地证明了法国女性在衣着方面与生俱来的想象力，即使是在那么恶劣的环境里。有人说："时尚就是一种法国现象。"而法国女性就是时尚最痴迷的追随者和代言人。一向以家庭和民族为重的贝当元帅对妇女们的针线活大加赞赏，"目的就是要把她们稳在家里，安心地做个温柔的家庭妇女"。为了表彰家庭妇女中的佼佼者，他在法国创立了母亲节。他要让那些过于自在、过于自由、过于放任的现代妇女重新回归到家庭主妇的角色中去。

然而，似乎是对这位年迈的父权主义者的嘲弄，又似乎是对德国人的蔑视，法国妇女开始反击了。她们开始自创时尚，把自己打扮得越发具有女性魅力：下穿色彩艳丽的齐膝短裙，足蹬整木跟的平底鞋，从小腿到大腿刷上核桃皮色或茶叶色以模仿长筒袜，头戴报纸做的俏皮小帽，再配上个斜挎式背包……一些格外热衷时尚的妇女甚至还动手把丈夫的服装改了自己穿。有时，她们干脆就穿着老公的男式套头衫上街，连帽子都不戴。穿上这样的行头，骑自行车倒是更方便了。整个占领时期，法国服装设计师在女性衣着上的权威性和对女性日常生活的影响力都受到了很大局限，他们反过来从这些穿着自制衣服的"马路女性"身上学到了很多东西。于是，整个四十年代的女装式样就都成了"V"字形：宽肩（因为男装有垫肩）、细腰、窄裙。

作为传播战时乐观主义和爱国主义的有力武器，电影的作用日益明显。影星们标致秀丽的脸蛋和丰乳肥臀的身材把女性美升华到极致，让处于性饥渴的士兵们得以一饱眼福。好莱坞的服装设计师勾画出的舞台和都市服装忽而突出现代服装的舒适实用，忽而回归美好年代的装饰风格，引得众说纷纭、褒贬不一。而由他们打扮出来的明星却着实成为男人、女人都羡慕和崇拜的对象。女人羡慕她们是为了模仿她们的姿态、拥有她们的体形；男人崇拜她们则是想着把她们的肉体据为己有。“追随时尚最大的好处就是保证自己、当然也保证别人具备追随的手段。”此言极是。然而，凡妇俗女们却懂得扬长避短，她们以自己的方式证明，在没有追随时尚的手段、特别是不向高级定制设计师和其他服装制造商的权威低头的情况下，她们一样可以穿上“符合时尚要求”的衣服。

《Vogue》杂志1942年提前使用了“新风貌”（New Look）一词来形容法国女性出于爱国主义精神、因陋就简创造出来的这种时尚。在物质极度匮乏的情况下，她们不得不以这种方式来保持最起码的体面和尊严。很奇怪，战争又一次让妇女们在获得解放的道路上前进了几米，但那是因为时尚还没有使出它的撒手锏——它随后就把女人们又逼退了好几步……

# 战后新风貌

"新风貌"的设计风格把历经战乱、饱受苦难的法国民众尽数迷倒，然而，它却是服装发展进程中不折不扣的一场倒退，是猛抽在挣脱束缚、走向解放的时尚身上的一记毒鞭。

战争终于结束了，世界又恢复了多姿多彩的面目，时尚也试探而招摇地迈出了它最初的几步。但所有人都清楚，欧洲遭到了重创，元气已经耗尽，物质严重匮乏，配给制还在实行并还将持续相当一段时间。欧洲人民所面临的主要任务不是添置物件，而首先是重建家园。1945 年 11 月 21 日的《Elle》杂志以"考证高雅"为题发表文章指出：选择适合您的时尚，而不是像一条瞎眼狗一样盲目跟随时尚法则，这就是新时期的高雅标准；悉心照料自己，保持年轻仪容，保有完整人格，这就是新时期的高雅规则。

为了重铸高级时装逝去的辉煌，让世界各地的有钱人重新领略它的风采，还巴黎以时尚领袖的地位，从来不知安分守己为何物的吕西安·勒龙于 1945 年 3 月在巴黎创办了一个“时尚小剧场”，用玩偶来表演高级时装。这些玩偶的头是陶瓷的，身子则以铁丝做成。53 位定制师、38 位打版师、29 位制靴师、8 位饰品师、7 位皮革师、20 位发型师、13 位珠宝师和 14 位装饰师联袂打造了一台名为“新时尚”的时装秀，并在全世界巡回表演，足迹遍及巴塞罗那、斯德哥尔摩、哥本哈根、伦敦、纽约、旧金山……这一具有划时代意义的表演立刻风靡了整个世界，数十万人从中获得了巨大的享受。然而，时尚的复辟远不止于此，更多的妇女已经学会如何在穿不起巴黎时装的情况下像有钱人一样追随时尚。

应该说，战后的时尚发展史主要是由法国高级定制设计师克里斯汀·迪奥（Christian Dior）书写的。这是一个具有良好家庭背景的年轻人，在法国织布商布萨克（Boussac）先生的资助下，他在巴黎的蒙田大街（Avenue Montaigne）开设了自己的时装公司。1947 年 2 月 12 日，他发布了以沙龙女性和宫廷时尚为主题的经典设计，把战后时尚推向了极致：上身是宽肩、细腰的倒三角，腰部是宽达 20 多厘米的褶边垂摆，腰部以下的全衬长裙直垂脚面，宽大而富于质感。

美国杂志《哈珀·芭莎》（*Harper's Bazaar*，1867 年创刊——译者注）的主编卡梅尔·斯诺（Carmel Snow）曾对迪奥说过这样的话：“亲爱的克里斯汀，你的服装展示了一种新风貌，令人刮目相看。”从此，“新风貌”一词便留在了时尚发展史的记载中，成为迪奥“颠覆性”风格的代名词。而女人们也确实对这种风格心向往之，特别是腰缠万贯的美国富婆们。说穿了，迪奥风格实际上就是耗费大量绫、罗、绸、缎去做一条裙子的风格！一种被称为“透景画”（Diorama）的裙子成了迪奥风格的代表：20 米的面料、40 米的翼展，再加上 3 公斤呢绒。瞧，时尚开始论斤卖了。

这一被《女装日报》称为“新风貌没落造型”的设计风格把历经战乱、饱受苦难的法国民众尽数迷倒，让他们如沐春风、如浴春雨。然而，它却是服装发展进程中不折不扣的一场倒退，是猛抽在挣脱束缚、走向解放的时尚身上的一记毒鞭。自由主义者以人权的名义发出了求解放的呼喊，女权主义者更是声色俱厉地坚决反对这种伪革命。女权事业的积极倡导者、英国众议员玛贝尔·瑞迪尔（Mabel Ridealgh）抨击道：“新风貌就像一只关在金笼子里的鸟。”但是，批评归批评，不可否认的是，迪奥风格为一向喜欢走精英道路、注重表演、唯我独尊的法国传统时尚开辟了一个新时代。《Vogue》杂志的资深编辑埃德纳·乌尔曼·蔡斯（Edna Woolman Chase）赞叹道：“迪奥服装具有完美的可穿着性，而且让女人深深感到，自己被打扮得更加精致、更富激情，它们确实表现出了某种动人的、浪漫的东西。”

自二十世纪二十年代起，人类就把 3 月 8 日这一天定为国际妇女节。1948 年的这一天，十多万法国妇女在法国共产党的倡议下涌上巴黎街头，呼吁社会给予她们更多平等、更多关注，要求生存自由、言论自由……没准儿还要求了不化妆的自由吧！当此时，雅克·法特在众多高级定制设计师中率先尝试把高级时装平民化，开始考虑为广大中青年妇女制作系列套裙，他所使用的商标是“雅克·法特大学”。

# 美国式的模特

> 艾琳·福特早就预感到，随着社会消费的增长，人们对广告将产生爆炸式的需求，而由温柔贤淑的漂亮姑娘作为产品形象大使或品牌代言人将是最好的推销手段。

在纽约时尚的步步紧逼下，妇女们发现或者说重新发现了她们曾认为过时的那些服装服饰对异性永远有效的诱惑力。“时尚其实挺胆小，”吕西安·勒龙低语道，“它总是不能自持地怀念它的昨天，并借此来创造今天的灿烂，进而把女人们锁定在它的基本信条之下。”“永远不要忘记你们首先是一个妻子”，美式时尚的缔造者、美国流行趋势设计师安妮·福格蒂（Anne Fogaty）的告诫掷地有声。她撰写了一本《妻子穿衣指南》，教妻子们如何在社交场合高雅得体地保持魅力，如何在家里充满激情地讨取丈夫欢心。紧身衣、紧身褡、吊袜带、衬裙再次成为女人们的新宠，不仅如此，法国高级定制设计师马萨尔·罗查斯（Marcel

Rochas）还给她们增添了新物件：紧身束腰带。顾名思义，紧身束腰带就是一个把女人从腰部到大腿全都塞进去的束身容器。只有这样，才能让乳房像炮弹一样喷射出来。

当然，女人应该是既丰满又苗条的，所以，作为性感大炮的乳房尺码也得像那么回事。良家妇女们虽然没有出卖色相的义务，但这一整套内衣却让她们意外地有了表现性感的机会。女人对性的渴望直接导致了从二十年代开始发端的性解放，不管怎么说，那些性需求强烈的女性总要想办法得到满足。

“芭比（Barbie）娃娃只能诞生于这一时期。”一本名为《二十世纪时尚史》的书中这样写道。芭比是一种用赛璐珞（塑料所用的旧有商标名称，是商业上最早生产的合成塑料——译者注）做的女性娃娃，最早是德国杂志《图片报》（*Bild*，1952 年 7 月创刊于汉堡——译者注）中一名叫作莉莉（Lilli）的连环画主人公，一头金发、身材柔美，既纯洁又善良。后来，她被做成了用于商业促销的玩具娃娃，虽然价格不菲，但却引得众多现代女性踊跃购买。她们以拥有莉莉娃娃为荣耀、为快乐、为满足。到了五十年代末，美国的玛托（Matell）玩具公司买断了莉莉的所有权，用她“无性繁殖”出了第一代模特娃娃，取名“芭比”。芭比一经问世，立即便成为完美、理想的女性化身，从此一发而不可收。今天，芭比的推销广告这样写道：“芭比已经不只是一个女孩……”

芭比娃娃迅速成为一种现象。几十年来，经市场流通出去的十多亿个芭比没有一个长出皱纹、留下岁月的痕迹，她们始终身材绝佳、青春永驻，始终是新一代玩偶女性的杰出代表。从来没有哪个肥胖的或体形异常的“芭比”能够长久留驻在人们的记忆里或照相机的镜头中。芭比的成功主要得益于她超现实的完美身材，以及这身材所具有的令人充满想象并感到亲切的性感，就像某位美女所宣称的那样：“对于女人来说，性并不意味着肉体的邪恶，那只是生命的享受。”在这个崇尚模特明星的时代，享誉整个世界或至少名扬半个世界的女模特们全都像按照美国标准制造的芭比一样，成了各类时尚杂志的封面女郎，像索菲·丽特瓦克（Sophie Litvak）、贝蒂娜（Bettina）、卡普辛（Capucine）、苏茜·帕克（Suzy Parker）、丽萨·芳萨格里芙（Lisa Fonssagrives）、丹尼丝·萨萝（Denise Sarrault）、普莱琳（Praline）、朵薇玛（Dovima）……她们在各种盛大场合上的争奇斗艳使高级时装重新有了市场，而电影明星们则因为过于做作而沦为二流角色。

模特行业的专业化和规范化始于艾琳·福特（Eileen Ford）这样的著名模特经纪人。她1946年就在纽约开设了模特经纪公司，手下管理着十几个年轻姑娘。在专业艺术人士的帮助下，这些姑娘不久便脱颖而出，身价日增，头脑灵光一点的很快都成了百万（美元）富婆。应该承认，在艾琳·福特之前，模特们一点社会地位都没有，如果说有，那也只是供时尚和媒体任意驱役的举旗手和衣服架子，既没有发言权，更没有主动权。1973年，福特旗下的模特劳伦·赫顿（Lauren Hutton）与露华浓

（Revlon，美国美发用品品牌——译者注）公司签下了40万美元的独家代理协议，赫顿因此成为全世界最昂贵的模特。而模特朵薇玛在五十年代时每小时就挣到了60美元，让当时的人们觉得十分不可思议。那时的模特就已经被戏称为“每分钟一美元女郎”。更有甚者，后来的加拿大名模琳达·伊万格丽丝塔（Linda Evangelista）竟公然宣称，每天少于10000美元，别想让她从床上起来。一言既出，举世皆惊。

艾琳·福特，这位为手下模特倾注大量心血的皮格马利翁（希腊神话中迷恋自己所雕少女像的塞浦路斯国王——译者注）早就预感到，随着社会消费的增长，人们对广告将产生爆炸式的需求，而由温柔贤淑的漂亮姑娘作为产品形象大使或品牌代言人将是最好的推销手段。她于是开始着手规划这个新市场，并随即推出了“美国制造”的世界小姐原型。艾琳·福特把所有姑娘都送到她创办的艺术学校深造，同时着力发掘每个模特自身的特点，使她们的价值达到最大化。她要求每个姑娘的三围都要达到标准的90∶60∶85，她不厌其烦地教她们如何保持身材、如何迈腿走路、如何露齿微笑、如何举手投足，总之，教会姑娘们如何全身心地把一套服装演绎得尽善尽美。

## “推销商店”的流行

> “新风貌”不仅是一场时尚革命，也是一场经济革命。为了推动工业发展，首先就要推动消费发展，让消费者集体患上歇斯底里综合征。

当美国工程师华莱士·卡罗瑟斯（Wallace Carothers）在1938年发明尼龙丝时，他也许不知道他将给全球时尚界带来多大的震荡。和他一起工作的杜邦（Du Pont，美国精细化工企业——译者注）公司的所有实验室人员恐怕也想象不到。然而，这种由100%的碳氢化合物合成的聚酰胺却制造出了当时最耐用、最便宜的面料，用它做成的时装可以普及到每一个人，或几乎每一个人。战争让人们学会了过紧日子，为了赶上“新风貌”的时髦，妓女们特别需要物美价廉的料子，而美观低价的尼龙面料正合心意。

“新风貌”不仅是一场时尚革命，也是一场经济革命。为了推动工业发展，首先就要推动消费发展，让消费者集体患上歇斯底里综合征。光克里斯汀·迪奥的一款全衬花冠褶裙就不知道消耗了多少公里的面料，他就是要逼着那些照葫芦画瓢自己做衣服的妇女们拼命地不停地买布。他的出资人布萨克先生手下有好几个纺织厂。1939 年，这些厂子曾经生产出 9000 万米布料，战争结束后，布萨克急于把所有存货清仓。于是，这些急于出售的产品就成了迪奥的灵感来源。负责使用面料的设计师就是这样成全了负责制造面料的生产商。

随着各种新型合成纤维的问世，面料行业的现代化发展日新月异。这些产品有的不褪色，有的防缩水，有的防虫蛀，而且还都十分新潮地以生产商的姓氏命名，如布科尔（Bucol）、布萨克（Boussac）、道达尔（Total）等。报纸杂志上推销这些新面料的广告宣传与日俱增，设计师们也在为如何用这些面料设计出更好卖的衣服而绞尽脑汁。随着设计纸样以及缝纫和编织说明书的普及，妇女们开始变本加厉地自己给自己制作时装，可最终能做成什么样还是心里没底。美国人发明的工业化成衣虽然标准、规范，但却一直被视作低俗、沉沦和没落的象征。

1955 年，一项调查显示，有 58% 的法国人赞成吻手礼，59% 赞成戴礼帽，80% 反对妇女在大街上抽烟。同年，“性感”作为一个形容词悄然出现在新版的法文字典里。《Vogue》对新时期的女性做了如下描述：“新潮体形就是胸部坚挺适中、身材凹凸有致、腰部曲线分明、双腿修长匀称。如果你不具有这样的身材，你至少要看上去如此……”于是，健美专家们开始面向女性推广各种节食方法、减肥体操、器械训练、健美课程，还要加上喝脱脂牛奶的建议，但这些絮叨却收效甚微。

倒是整形外科成了消费者和媒体的最爱，一时间，重做鼻子的人越来越多。连《Elle》这样的时尚杂志都趟起了这趟浑水，向爱赶时髦的人介绍了两款鼻子：C大夫的鼻子和B大夫的鼻子，还神神秘秘地告诉他们：“换鼻子的男性要少于女性。”

那年月，摄影师们都喜欢先拍一张服装模特照片，再把照片摆在一份虚构的报纸前面，进行第二次拍摄。为了更好地达到脱光女人的效果，照片上的女人总是穿着无带胸罩或比基尼，酥胸高耸，把男人的目光全都吸引到那两只藏宝容器上。

男人们基本不为时尚的周期性变化所动。他们固守传统的衣着方式，那就是怎么舒服怎么穿。他们普遍将“二战”中参军作战时的全套军装带回家里接着穿。于是，男装时尚就从军装中汲取了如下营养：带口袋的衬衣、套头衫、紧身夹克、齐膝短裤……当时，有人对男人的雄性装束做了如下展望：“五十年代的男人们会更加热爱体育运动。海滩上的他们，V字形的身材上宽下窄，向后梳起的头发或略带几分野性的纷乱，或油光水滑、整齐得像个绅士。总之，他们简直就是一只只健壮的大猩猩。”

在美国，人们的生活方式因为电视的出现而被大大改变。电视成为日益扩张的社会消费最有力的宣传工具。

此外，每一座城市都开始在其郊区的居民聚居地大肆兴建巨型商业中心，其中既有专卖店、大商场，又有面积巨大的停车场。城里人因此开始频繁往来于城乡之间，随之兴起的休闲时装也因此得以假模假式地泛滥开来，比当年的运动服装有过之而无不及。

素有“时尚大使”美誉的法兰西依然固守高级时装这块日益孤独的阵地，它也因此在中档时装的设计上远远落后于其他国家，而中档时装恰恰介于手工定制的高级时装和批量生产的工业时装之间，其对象也是介于富裕和贫穷之间、在战争中一步步挣脱时尚束缚的独立女性。战后爆发的经济和社会危机让许多不适应新形势的高级时装商店和工厂被迫关门，这种情形令法国当局和时装设计师们都陷入了同样的尴尬。于是，法国政府决定为时装行业提供价值 4 亿法郎的补贴，用于改进那种过于古老陈旧、过于手工业化的生产方式。

一家以“开动思想”为名号的服装及设计公司应运而生，它以“推销商店”的形式对应季的系列时装做二次展示，且只售卖质优价高的名贵时装（一件裙子平均 22000 法郎，比工业化生产的成衣高出两倍有余。提供几个数据供读者参考：当时的一双尼龙丝高筒袜价值 2500 法郎，而一辆新款雪铁龙 DS 型轿车售价 100 万法郎，一个工人的月工资则是 50000 法郎）。这些服装都是用极其廉价的面料、以美国式的半机械化技术生产出来的。“开动思想”的经理说：“似乎美国人的某些剪裁技术可以在不影响生产的情况下对我们有所帮助。因此我们的工厂也聘请了一位美国女技术员，她负责照着法国打版师的版型制作出不同尺码的纸样来。这样一来，我们就可以把美国人的实用技术与法国人的优秀设计完美地结合起来了。”法国的高级定制设计师们在观望和犹疑中尝试着跟上这样的发展趋势，尽管他们还不想因此做出更多的妥协。

于是，雅克·海姆、玛吉·鲁夫、尼纳·芮奇等人开始“科学地”规划他们的生产工序，以降低成本和售价，抗衡工业成衣带来的竞争。但他们只满足于借鉴、而绝对不加入那种“下等”成衣的制作行列，他们要拼死捍卫法国的“正统”时装。“然而情况很糟糕，”尼纳·芮奇不得不承认，“所有意识到自身责任的高级定制设计师都要面对这样一个现实：法国的高级时装正处在危险当中。但是，以传统方式量身定制的高级时装是无可替代的。高级定制设计师这个行业永远都会存在下去。”话虽如此，高级时装的客户群已经出现锐减迹象，全世界加起来也只剩下不到3000人。

除了已经建立香水和服饰商店的香奈儿，克里斯汀·迪奥恐怕是为数不多的几个了解商标潜在价值的设计师。当然在香奈儿之前，沃斯曾经首创了一款与高级时装相匹配的香水——“夜间”（Dans la nuit），并获得巨大成功。1948年，迪奥新开了一家分公司，起名为“迪奥香水”，这家公司的主要任务就是借助迪奥的名声向全世界推销各款迪奥香水。先是一款塞浦路斯风格的“迪奥小姐”（Miss Dior）迷倒无数年轻女性，在当时依然十分传统的香水市场创下了史无前例的销售纪录；随后，“迪奥全景”（Diorama）、“迪奥之韵”（Diorissimo）、“迪奥灵”（Diorling）、“迪奥瑞拉”（Diorella）等各款香水接踵而至，可惜销售情况比起“迪奥小姐”却总是稍逊一筹。一年后，迪奥又开设了一家制造和销售系列高级成衣的公司。到 1950 年，他又开始发展服饰特许经营业务，并在全世界到处开设分店。但是，这次他没有像推出“新风貌”时那么咄咄逼人。五年之后，他终于放松了对女人的缠裹与束缚，推出了一款适于“平板女人”的宽松服装，这种设计风格旋即被人命名为“平风貌”。

## 不到 50 岁的家庭妇女

> 五十年代充满了新奇趣味、乐观情绪和青春活力。各式各样的成衣品牌都在尝试着推出方便穿用、方便打理，尽量不让职业妇女感到麻烦的服装。

“既是超级女仆又是超级明星，50 岁的女人最是完美。”这话说的是终日围着锅台转、热衷家务劳动的家庭妇女。幸好她们有机会在当时的家务艺术展销会上选购一些辅助家电，借以稍稍缓解一下她们的家务苦役，降低一下她们每个月下厨 180 个小时、完成 28490 次“向后转走”的劳动强度。荷兰有一位“家政学”教授经过计算宣称，他可以凭着对家务的重新设计、借助家用电器让家庭妇女们每月节省下 128 个小时的时间。他说：“借助家电设施节约出的这 128 个小时要是折算成熟练工人的工时费，就相当于每月 4 万法郎，一年就是 48 万法郎呀！”时间的节约体现在各个方面。吸尘 – 打蜡机、电冰箱、搅拌机、自动烹饪机以及各种洗衣机和洗碗机都充分体现了家务劳动的现代化。然而，一个家庭妇女得掏150万法郎才能买来这样的解脱！妇女们一面憧憬着攒够钱的那一天，一面在进门第一时间就匆忙甩掉高跟皮鞋，蹬上廉价便鞋，系上围裙，一路小跑奔向厨房，去扮演贤妻良母的角色。

性格刚毅的香奈儿于1953年重新开张了在“二战”中关闭的公司。对普通妇女们的自发时尚，她始终不为所动。她说：“我喜欢把时尚推广到大街上，而不是从大街上去寻找时尚！”她随即推出了鸡爪纹面料的西服上衣和威尔士王子风格的偏中性套装，还有平针套头衫、链带式斜挎包，以及各种仿真饰品。从头到脚一身香奈儿行头的职业妇女被打扮得既高雅尊贵又不失妩媚。香奈儿开始用全套的职业女装向男人世界叫板了。

五十年代充满了新奇趣味、乐观情绪和青春活力：生育高峰、摇滚音乐、塑料彩编……这一切构成了一个愉悦而躁动的时代。高级定制设计师们眼花缭乱地分辨着时尚的发展趋势，他们先是推出了“H”形服装，接着是“Y”形，继而又有“A”形、“I”形，女人们全都被变成了字母。

性感妖冶的法国名模碧姬·芭铎（Brigitte Bardot）成为轰动一时的社会现象，她不仅为法国最早的成衣公司之一“皇家”（L’empereur）公司服装摆姿势、做造型、当模特，而且还公然穿着比基尼招摇惑众。

针对那些人过中年、渴望返老还童的妇女大众，由法国奥纳诺（Ornano）家族于1947年创建的“幽兰”（Orlane）公司推出了一款神奇产品：胚胎血清。其实就是在一个灯泡里放了两个鸡胚！这家公司惯于以有机元素制造新式化妆品，比如用蜂王浆做面霜，或用富含维生素C的橙子做擦脸油。因为认识到一种面霜对于广大妇女远远不够，所以幽兰公司又进一步发明了日霜和晚霜。在为妇女大众广施恩泽的同时，又将自己的化妆品多卖出了一倍，其商业手段由此可见一斑。

各式各样的成衣品牌都在尝试着推出方便穿用、方便打理，尽量不让职业妇女感到麻烦的服装。如罗迪尔（Rodier）、提克蒂奈（Tiktiner）、卡罗琳·侯麦（Caroline Rohmer）、维尔（Weill）等，都在设法用各种合成和人造面料，如人造丝、醋酸纤维、粘胶短纤、尼龙丝、法国涤纶、聚酰胺等生产既实用又舒适的服装。消费者总是偏爱看上去很新的面料，最好还可以放在洗衣机里随便洗，晾上一夜就能干，而且不用熨就平整如新。他们受够了过去那些贵重时装的拖累。

而反对现代化进程和妇女解放的保守主义者们却哀叹：“是汽车毁了时装。”随着汽车的普及，许多妇女也学会了驾驶，于是一些厂家如法国西姆卡（Simca）公司又开始研究起适合妇女穿着的驾车服装。过去开车需要两脚和十指并用，后来操纵系统的改进让开车变得容易了许多，妇女也终于可以如愿以偿地坐到方向盘后面了。变速箱操纵杆和转向灯操纵杆像两个燕子尾巴似的安在了方向盘的连杆上，这确实是送给女司机们的一份厚礼。

老式汽车的发动机摇柄沉得要命，女人的纤纤玉手根本拿不住、摇不动，而今，一把钥匙全部搞定。创新的设计真是用心良苦、以人为本呀!

# 阿波罗时代，妇女进入轨道

时尚毕竟不属于未来，它只存在于过去，而且喜欢永无休止地把过去的东西翻新再翻新。

1957 年 10 月 24 日，克里斯汀・迪奥死于心肌梗塞。他的过早陨落意味着某种富于连续性和历史性的设计思想从此走向衰亡。几个月后，一位年仅 21 岁，“裤腿细长、奇瘦无比，总是睁着两只大大的近视眼不说不动”的年轻人接过了迪奥家族的设计接力棒。新闻媒体不遗余力地对他的横空出世表示着欢迎：“伊夫・马蒂厄・圣洛朗（Yves Matthieu Saint Lorent）拯救了法兰西！”最初，圣洛朗经常使用简单的直线来表现法国奢侈业时尚的经典与传统，越往后，迪奥家族就越不能容忍他这种日益大胆、日益现代化的设计风格，很快，他就被更加听话的另一位设计师马克・伯翰（Marc Bohan）顶掉了。1962 年 1 月，伊夫・圣洛朗面向全世界女性展出了他以自己公司名义设计的作品。当然，这里所指的女性不是贵妇和淑女，而是追求性感、奔放不羁的青春女性。伊夫·圣洛朗与她们年龄相仿，他绝不想去招惹她们的母亲那一代人。相比之下，圣洛朗为时装界带来的青春气息让其他设计师一下子就变得老气横秋，只好赶紧步其后尘，希冀用同样的青春疗法来自保。

有时，风尚与习俗的开放并不一定是通过舆论自由实现的。伊夫·圣洛朗一向心如止水，但在他的良师益友皮埃尔·贝尔热（Pierre Berge）的鼓动下，他开始与玛吉·鲁夫、朗万（Lanvin）、格莱丝夫人、皮尔·卡丹（Pierre Cardin）、姬·龙雪（Guy Laroche）、雅克·海姆（时任巴黎时装公会主席）、尼纳·芮奇等高级定制设计师一起转变设计风格、求新求变。这一来，就像在新闻界投下了激起千层巨浪的一块石头。面对纷至沓来的抄袭与众说纷纭的批评，这些设计师越来越怒不可遏，他们拒绝接受媒体的评头论足，更无法容忍各家女性报纸支持成衣、贬损高级时装的狗屁文章！因此，从那时直到 1967 年，他们开始联手对媒体封锁消息，只是在新作品发布会的前一天才给一些由他们精心挑选的记者发出通知。对于这些设计大师来说，唯一应该报道的时尚就是由他们这些时尚之王推出的时尚，而成衣简直是对高雅时尚的侮辱，有什么资格享受报道的优惠！而 1964 年 11 月 8 日的《巴黎竞赛画报》（*Paris Match*，创刊于 1949 年——译者注）则发表了这样一段言论："法国媒体对他们给予了回击，它们说，它们的读者买不起 5000 法郎（这里指的是 1960 年 1 月 1 日开始使用的新法郎，它与旧法郎的比值为 1∶100——译者注）一条的裙子，如果没有媒体的支持，很多设计师可能终生都将默默无闻。而美国媒体更表示，如果巴黎时装界和它们赌气，它们就去别的地方报道，不来巴黎了。”

面对来自多国媒体的威胁，这些惯于独霸时尚界、且销售业绩一直不错的设计师们似乎并不想妥协，他们的报复就是把自己封闭得更死，尽可能减少与媒体的往来。但是，并非所有人都如此心齐，像迪奥、香奈儿、考莱哲、巴尔曼（Balmain）、巴杜、纪梵希和格里夫（Griffe）等高级定制设计师就始终没有和媒体断绝联系。

风水十年一转，脑袋十年一换。进入七十年代后，女性理发师开始大肆走红，在圣奥诺雷大街（Rue Du Faubourg Saint-Honore，巴黎最著名、大牌最集中的商业街——译者注）开店的凯伊黛（Carita）姐妹名噪一时。每天，店内的演员明星络绎不绝。姐妹俩考究的服务让每位顾客都显得青春焕发，为业内争相效仿。

一个喜欢收藏记忆的社会对任何稍微有点年头的东西都舍不得放弃。由大众化设计的先驱丹尼斯·法约尔（Denis Fayolle）推出的“一价”式时装吸引了人们对低价时尚与简单色彩的注意力，而低价时尚正是美国运动装带给世人的时尚。小姑娘们翘首以待，希望设计师们赶紧推出适合学生的服装。她们穿够了短裙短袜，更讨厌那些连脖子都裹得严严的制服。太多的成衣品牌只是把高级时装的版型平移过来，不敢开创自己的风格。而高级定制设计师们自始至终都把自己关在象牙塔内，攀登着一座又一座设计高峰，不大理会大街上那些婴儿潮年代出生的孩子们面对新款服装（当然是便宜的）时渴望而惊喜的叫唤。

皮尔·卡丹是一个极擅钻营的机会主义者，他窥到了销售奢侈产品的一条财路，那就是向生产商出售钢笔、箱包、香水、内衣甚至家具和浴缸的生产许可。一向孤高自傲的巴黎时装公会对他的行径大为光火，威胁要开除这个卑贱的叛逆者。呸！一门心思敛财的卡丹才不管那一套呢，他一意孤行地又推出了一组男式成衣，将其命名为宇宙服装（Cosmo-Corps）。这些“太空装”充分满足了当时人们渴望探索未来的好奇心，甫一问世便在欧洲600多个销售网点同时开卖。与此同时，卡丹还在策划生产一种大众化、实用化的女裙，那就是用一种特殊合成面料批量生产、每条只卖100法郎的卡丹娜裙（Cardine）。

无独有偶，来自贝亚恩省（Bearn，法国旧省名，位于法国西南，以盛产调味汁著名——译者注）的路桥工程师考莱哲（Courrege，即前文提到的法国高级定制设计师——译者注）也发明了一种未来式的服装“调味汁”：他把一个赛璐珞做的女人放到了月球轨道上。这款“酸甜口”的、由直线和斜线组合而成的杰作怎么看怎么像一件潜水服。它最终没有获得成功，因为时尚毕竟不属于未来，它只存在于过去，而且喜欢永无休止地把过去的东西翻新再翻新。然而，这个小小的意外却让一小撮昏聩的设计师感到莫名兴奋，他们开始恬不知耻地剽窃、抄袭这款被月食吞没的设计。一时间，因为有了这些“007”（英国影片中的著名间谍詹姆斯·邦德的代号——译者注）式的特务，法国时尚界居然又显出了几分难得的青春和活力。

永远英雄不死的特工 007 在《金手指》（*Goldfinger*）一片中着实把熨帖合体、不同凡响的英国男装展示了一把。法国，这个不可一世的英格兰竞争对手算是白忙活了半天——一场哈英浪潮开始席卷法国的大小商店。巴黎老佛爷商店（Galeries Lafayette）1965 年的一则广告这样写道：“古典风范，伸展自如，张弛有度，永不变形，做工精美，穿着舒适，永远全新、全新、全新：这就是来自英国的‘爱福仕马’（Eversmart）西装，精梳纯羊毛面料，时尚男士的最佳选择，每套仅售 425 法郎。”春天百货的詹姆斯·邦德店还推出了 007 全系列服装，如灵克（Links）运动上衣、贝瑞塔（Beretta）西裤、福特·诺克斯（Fort Knox）外套、夜总会（Night Club）套装等。看过《金手指》电影，你会觉得，穿着这些笔挺的高级服装丝毫不影响你去摸爬滚打，你还可以开着阿斯顿·马丁（Aston Martin，英国顶级跑车——译者注）大玩追车比赛。就连肖恩·康纳利（Sean Connery，007 的演员之一——译者注）这样的业余高手穿上这些时装登高爬低，也不会把衣服弄坏。

“美丽园丁”百货商店也适时推出了“量体如影随形、裁衣个性尊贵”的“度身”男装：“几天就能做好，比传统工艺少收费30%，精致的佩洛特衣褶永不变形，细腻的做工保证让您的衣服常穿常新。”穿着这套“禁得起风、淋得了雨”的干净西装，你可能随时会遭到挺着6.35口径巨型“炮弹”的辣妹们的忘情拥抱。

再说休闲装，用软棱纹布织成的式样极酷的T恤衫就像Shirt-Jac一样广受欢迎，可惜到了床上它们就不知道被扔到什么地方去了。女伴冒火的眼睛里看到的只有男人身上印着袋鼠商标的内衣裤，要说T恤衫，那也只有“皮肤衫”以及不得不与之配套的三角裤——看，男人到了床上还在玩“时尚”……

## 工业化的时尚，技巧化的时尚

成衣与时装在数字战和口水战中对峙。成衣业虽然在生产和销售大众女装方面初具规模，但仍然没有摆脱高级定制设计师对流行趋势的控制。

绝大部分高级定制设计师对成衣商的侵蚀十分反感，因为后者是借了他们的力量才迅速崛起的，并且对他们构成了日益严重的威胁。数字是最有说服力的：从二十世纪五十年代末到六十年代初，高级时装每年平均保持着 50 家公司左右的规模，雇佣工人约 5000 名，消耗布料约 30 万米，实现营业额约 2000 万法郎；而女装成衣则保持 2000 家企业的规模，雇佣员工 100 万，消耗布料约 5 亿米，营业额超过 10 亿法郎！即便如此法国的成衣商与美国同行相比仍然相形见绌，后者的成衣制造业历史更长、发展更快、成效更显著，女装的年营业额超过了 80 亿法郎，当然顾客人数也是法国的六倍。然而高级时装的从业者也有他们引以为荣的优势，那就是每年带来一亿法郎收入的服饰与其他衍生产品，这其中有 50% 是靠出口实现的。对此，女装成衣制造商不甘示弱，他们声称每年可以加工一亿件服装，不仅在法国本土销售，而且也出口到其他国家。这些成衣每年穿在数百万妇女身上，而高级时装的区区 3000 名顾客与这个庞大的客户群体根本不可同日而语。

成衣与时装就这样在数字战和口水战中对峙。已经走马上任巴黎时装公会主席的雅克·海姆试图通过现代化来拯救被成衣的巨大规模冲得七零八落的高级时装："干我们这行，问题不在于你玩了多少展示，而在于你设计出多少套样衣。其实，问题也不在于你为甲夫人或是乙太太或其他什么人设计了多少套时装，而在于你能否创立一种时尚，让它成为全世界的时尚，成为全球服装产业的发动机。"

真正的问题在于设计的合法性，当时的设计权完全被专制的高级时装所掌控。成衣业虽然在生产和销售大众女装方面初具规模，但仍然没有摆脱高级定制设计师对流行趋势的控制。对此，成衣商们多少表示了一些不满，他们忘不了堆在仓库卖不出去的背包裙带来的苦涩。那是克里斯特巴尔·巴伦夏加（Christobal Balenciaga，巴黎世家品牌创始人——译者注）大师的设计"杰作"。他本来是学建筑的，所以经常在设计中忘记表现女人们十分在意的性感元素。更为愚蠢的是，所有人都在抄袭他的这款设计。有人对此评论道："整个成衣业都把宝押在了这个'背包'

时尚上，热衷于猎奇的画报杂志对这次失败难辞其咎。尽管商人们一厢情愿，但富有自知之明的女人们根本就不喜欢这种没形没款的时装。简直就是一场灾难。”更不用说于纪梵希和皮尔·卡丹后来设计的那款丑陋不堪的灯笼裙——他们根本就没有号准女人的脉，其实女人们喜欢的是两条腿的灯笼裤……女消费者们有史以来第一次表达了她们的强烈不满！但这样的表达依然阻止不了高级定制设计师们对流行趋势的垄断经营，他们趾高气扬地自诩为天下无二的时尚教员。他们一面声嘶力竭地指责盗版者和成衣商，一面又拒不赔偿后者因他们的设计而蒙受的经济损失。他们要求政府提供财产保护，建立一种最低保障机制，同时要求增加补贴，并为其时装款式建立保险。总之是要国家提供尽可能多的帮助，这一切不打自招地暴露了他们的虚弱本质。高级定制设计师们的一场发布会平均花销在 30 万到 100 万法郎之间，而一家大牌时装公司一个季节却只能卖出 1000 套时装和不到 3000 个时装布样或纸样。成衣商或大型百货商店把这些布样纸样买来，再以自己的方式修修改改，加工成高级成衣。

如果说美国是全世界最大的高级时装市场，那么它同时也是最大的盗版设计市场。剽窃设计之风愈演愈烈，但女人们对此漠不关心。高级定制设计师们一面为他们的损失哭泣，一面仍然不忘依靠时装的衍生产品大赚其钱。正如媒体屡次指出的那样，那是他们最主要的财源。现如今，高级时装已经不再被视为时尚先驱，它的主要精力全都用于制售名牌服饰了。

# 盒子中的妇女

> 杰奎琳的服装是生活中的服装，而不是舞台上的服装，她从不追求服装的展示性，其着装风格典雅明快，简单实用，不夸张、不做作，极富可穿着性，她也因此成为永恒的时尚。

如果说，五十年代时现代化进程已经起步，那么，能不能说它在之后革命性的10年里真正步入正轨了呢？戴高乐将军在法国刚刚解放时，曾要求法国人民用10年时间生出1200万个宝宝。现在，这一代宝宝们与他们的父辈在道德观念上存在着明显的代沟。战前的陈旧工业阻碍着现代化进程的起步，战后，伴随经济发展的却是城市暴力的萌芽与肇始。热闹如兵营般的低租金住房在城市四周形成了环状居民区。每到周末，一群群乌合之众便在狭窄不堪的国家公路上开始了疯狂的飙车游戏，其结果是：1964年造成1万人死亡，23万人受伤；仅四年之后，由于多修了几公里高速路，这两个数字就上升到了1.4万人和36万人。

耽于享乐的资产阶级法国严禁妇女穿着裤子抛头露面——她们只被允许穿裙子，而男人们扣得严严实实的衣领一看就令人立刻觉得喘不过气来。重男轻女有时也会遇到麻烦。为了打破让年轻人难以接受的“新三年、旧三年、缝缝补补又三年”的传统消费模式，有人发明了一次性用品和塑料制品，大家都把这些发明当成了推动社会繁荣和走向现代化的标志。作为对这一切的回应，年轻一代的高级时装保卫者们更加专注地埋头设计他们的几何图形时装。卡丹、古莱热们则一如既往。意大利设计师罗贝托·卡普奇（Robelto Cappuci）更是以正宗的建筑设计专家巴伦夏加为师，用吊过铅坠一般的直线描画着一幅幅方方正正的设计图。到了 1968 年时，他因为实在看不下去高级时装界的分崩离析，一边感叹“高级时装死了”，一边关闭了自己的高级时装公司。

六十年代的时代宠儿是一位法美混血的姑娘杰奎琳·肯尼迪（Jacqueline Kennedy，美国遇刺总统肯尼迪的夫人——译者注），她的笑容总是那么温文尔雅，衣服总是穿得平平整整，妆总是化得无懈可击，服饰总是搭配得妥妥帖帖，几何型的发式总是梳得规规矩矩，就像一个标准的空中小姐。她的服装都是由香奈儿、纪梵希或格莱斯夫人这样的大师设计的。成为第一夫人后，她请美国高级定制设计师奥列格·卡西尼（Oleg Cassini）以简约主义风格帮她设计了一年四季的全部时装，她也因此成为清丽、明快的新时代代表。美国总统夫妇每年花在服装上的费用约为 30000 美元，他们以清新的风格成为追求新潮的六十年代时尚的领导者。尽管肯尼迪本人命运悲惨，但人们对总统夫妇的推崇还是让那一代服装设计师和流行趋势设计师汲取了许多灵感。杰基·奥（Jackie O，杰基为杰奎琳的爱称，她在肯尼迪遇刺身亡后改嫁希腊船王奥纳希斯，因此被称为杰基·奥——译者注）的服装是生活中的服装，而不是舞台上的服装，她从不追求服装的展示性，其着装风格典雅明快、简单实用，不夸张、不做作，极富可穿着性，她也因此成为人们心目当中永恒的时尚。

在英吉利海峡另一侧，一场时尚革命正在兴起。盛行于伦敦的摇摆舞让人们沉浸在扭动与节奏的兴奋中，以萨维尔街（Savile Row）和卡纳比大街（Carnaby Street）为中心，形成了两个针锋相对的时尚大本营，一派以传统为荣，一派以前卫为乐。披头士乐队的四个男孩以歇斯底里的演唱让全世界陷入了低俗嘈杂的音乐折磨之中。来自伦敦卡纳比大街的约翰·斯特凡（John Stephen）和玛丽·奎恩特（Mary Quant）按照他们的乐谱为时尚的音乐定了基调。马瑞·奎恩推出了以香料蜜糖面包为名的时装系列，其滑稽而活泼的风格让那些身材过于苗条的女孩喜不自禁。他的风格里多少还带有一些东方广藿香的气息。伴随着这种气息，嬉皮士们在大麻的烟雾之中自由自在地谈情说爱。一位名叫芭芭拉·胡拉尼奇（Barbara Hulanicki）的英国女士在伦敦冰斗路（Bingdow Road）上开设了一家名叫“比吧”（Biba）的毒品自助服务店，瘾君子们在这里兴致盎然地为自己注射毒品。到 1966 年，她又顺应潮流开了一家名为“简女士”（Lady Jane）的女装店，橱窗内的两位年轻姑娘每天在众目睽睽之下穿衣脱衣，这种大胆直接的表演立即产生了具有划时代意义的影响。30 多年后，巴黎老佛爷百货商店旧戏重演，激起了女权主义者的满腔怒火。

巴黎十六区（富人聚集的高档住宅区——译者注）不乏留学英国的少男少女，他们从英国学回了英语的同时也带回了那边的一些荒诞服装，并依照巴黎水泵路的“雷诺玛兄弟”（Freres Renoma）时装店那种优雅考究的陈列方式将全套行头穿在身上，给这些庸俗服装平添了一些小资情调。马瑞·奎恩特设计的迷你裙做足了下三路的文章，而美国加利福尼亚州的澳裔设计师鲁迪·吉恩莱希（Rudi Gernreich）发明的一点式则充分展示了上半身的魅力，但是这些设计花样对戴高乐时代有板有眼的时尚专制影响甚微。倒是另外一种远没有那么激进的服装吸引了崇尚平等、自由、博爱的法兰西儿女，那就是牛仔裤加 T 恤衫。牛仔裤加 T 恤衫以其离经叛道的朴素风格横扫了时尚创造者的所有哗众取宠，在崇尚社会等级、讲究男女有别的时尚专制下，这身打扮显得极不入流，因为它没有任何社会和性别特征。但即便是穿着这样一身普通得很难给人留下印象的打扮，在大街上起哄扔石块时也最好别让共和国保安部队的人看见。

像大部分高级定制设计师或服装设计师一样，曾经也想过发明这身行头的伊夫·圣洛朗对牛仔裤颇有好感：“牛仔裤没有性别之分，男人女人都能穿，一年四季都能穿，白天晚上都能穿，各种场合都能穿，各种年龄都能穿，各种阶层都能穿。”住在意大利米兰的设计师伊里奥·费尔鲁奇（Elio Fiorucci）是一位有名的时尚鼓动家和幻想家，他以“布法罗（Buffalo）70”为商标推出了一款牛仔时装，立刻引得国际名流跟风响应，甚至包括杰奎琳·肯尼迪。

# 新型人类

有关时尚的各种艺术开始尝试与运动学、控制论甚至工业生产技术相结合，试图把时尚变得更加简单、更加实用、更加流行。

一场性高潮席卷了全球的时尚界。在“和平与爱”的信条推动下，年轻一代彻底改变了男女之间的两性关系，混淆了性别的社会标准，创造了“单性、同性、换性、混居、全球性统一、无性、两性互通等新型繁殖方式”，1969 年的《女装日报》如是总结。这是新型人类以自愿性角色混杂为基础的多性生活方式。然而，尽管把两性集于一身的人为手段已经问世，却鲜见追求两性平等的男性响应者，女性就更少有兴趣。致力于维护正常人类社会的仁人志士批评道：从躁动不安的卡纳比大街推出的“中性风貌”纯粹是多余的作秀。

法国高级定制设计师雅克・埃斯特尔（Jacques Estersl）以

个人名义在法国注册了“单性”这个词的专利，他为男人设计了一组可笑的裙装，其实就是把女人的服装全部转移到男人的衣柜里，完全是一场移花接木的闹剧。二十年后，让·保罗·高提耶自作聪明推出的一组时装部分地借用了埃斯特尔的手法，尽管此时的高提耶头上多了些光环，但这组作品却乏善可陈，无人喝彩（其实此前高提耶一直在跟着埃斯特尔学手艺）。尽管当时大师们推出了太多的男女不分的时装，但这种行为至少反映了人们不满现状、追求男女平等的时代精神。伊夫·圣洛朗也不能免俗地受到了这种风气的感染，给女人设计过几件男装。如果说，他为她们设计的无尾晚礼服、赛马服、厚呢上衣和帆布短袖衫曾被视为追求两性平等或为女人争取权利的象征，那么，它们同样是“送给女人衣服时心里却想着男人”的圣洛朗的个人写照，因为他从未掩饰过自己的同性恋情结。就算是爱屋及乌吧，反正对女人是好事。

自打美国宇航员尼尔·阿姆斯特朗（Neil Armstrong）的第一只脚和第二只脚先后踏上月球后，男人们就开始时兴起阿波罗69式发型，这种发型是让头发自然地盖住前额、遮住双耳，看上去就像一顶头盔。女人也有阿波罗发型，只是显得更方更短，十分难看。与此同时，法国发型师维达·沙宣（Vidal Sassoon）推出了独创的五点式剪发法，成为当代发型艺术的先驱。

有关时尚的各种艺术开始尝试与运动学、控制论甚至工业生产技术相结合，试图把时尚变得更加简单、更加实用、更加流行。有时候，抽象艺术虽然让人看不懂，却可以鼓励人们更大胆、更直率地说话做事。

生产一次性用品的工厂越来越倾向于男性消费者，如美国著名面巾纸制造商“舒洁”（Kleenex）公司就为男人们准备了好多又大又厚的一次性纸手帕，用黑色、红色和金色的盒子精心包装起来。一时间，一次性产品表现出了异常明确的指向性：“只供男人使用，不是男人不卖。”到了这个时候，高级定制设计师们还在为裙子的长短和折边的高低争论不休，弄得女人们无所适从，不知道该不该露出大腿。对于超短裙，可可·香奈儿的评价是“丑陋而肮脏”，好在这世界变化快，没过多久，人们就习惯了裙子越来越短、头发越来越长的生活了。

再后来，人们不再崇尚不辨男女的单性概念，而是转而从类似莱丝丽·霍恩比（即名模 Twiggy［崔姬］，Lesley Hornby 为其原名）这样精瘦的模特身上去发掘新的性感元素。这个只有十六岁的瘦骨嶙峋的伦敦小丫头首次让骨感成为女性的时尚美。在她之前，只有少数女性精英才有资格以瘦为美。而自她以后，美国时尚界的女掌门戴安娜·弗里兰（Diana Vreeland）以及像大卫·巴利（David Bailey）和特伦斯·多诺万（Torence Donovan）这样的年轻摄影师都推出了不少瘦美人，像劳伦·赫顿、佩内洛普·特瑞（Penelope Tree）、薇露西卡（Veruschka）、珍·施琳普顿（Jean Shrimpton）等。这些乞丐般皮包骨头的女“虾米”们演绎的是一种令人毛骨悚然的脆弱美和病态美。发育不良、弱不禁风、愁肠寸断，这就是新女性的新魅力。然而，在这些时髦的瘦美人中却罕见法国姑娘。对此，巴黎首家封面女郎代理公司总经理朵莲丽（Dorian Leigh）解释说："特别会心疼自己的法国姑娘对自己总是过于人道，一到干活的时候，她们不是有饭局就是和男友约会。"

似乎是为了弥补法国在瘦时尚方面的缺憾，肉感而风流的碧姬·芭铎很快开始另领风骚，一时间，所有女孩都学着她的样子穿衣、理发、化妆、走路、说话，总之是一举一动无不效仿。她那勾人魂魄的妖媚让任何一个男人都无法不动心。不知出于何种动机，香奈儿突然宣布免费为她设计服装，但尖刻的碧姬·芭铎却并不买账："香奈儿？给老太太做衣服还差不多！"老一辈"革命家"与新一代"白眼狼"之间的战争由此全面爆发，并不断升级。但不管怎么说，在惧怕衰老和死亡的西方世界，年轻是永恒的真理，有人就说过："一切衰老的都是丑陋的。"

女性杂志开始投身减肥阵营，利用每年夏季到来前时尚界休战的宝贵时机，大力鼓动其读者参与到漫长如马拉松般的减肥运动之中，向松垮衰老的皮肤宣战。减肥就这样成了强加在每一个女人头上的信仰。法国《时尚花园》（*Jardin Des Modes*）杂志评论道："美丽女神变瘦了，或者说失去（体重）的人得到了补偿（美丽）。体重计给了人们坚持瘦身疗法的勇气。当你经过几天的节食，发现体重变轻后，你将会获得极大的勇气，迫使自己坚持下去。而你要是从一开始就没想通的话，你就不可能保持减肥效果。"主张瘦身疗法的人不乏支持者。而反对瘦身疗法的也大有人在，只是他们的各种反女权论断颇不得人心，妇女们怒不可遏，女贵族也好、女仆人也罢，她们不分贵贱，一律开始大声疾呼，除了要求社会赋予她们流产的权利，还要求拥有任意处置自己身体的权利。

在 1967 年 3 月出版的《巴黎模特》（*Mannequin De Paris*）杂志中，法国医生雅克·F（Jacques F）教授就表达了对任意处置个人身体的高度赞赏。他对外科美容手术的超级作用深信不疑，并极力赞同人人都有追求美的权利："通过美容可以消除人与人之间的一些不平等。在我们国家，生活水准的不断提高除了解决每天的面包外，也给大多数人带来了新的痛苦。因为大多数法国人虽然能够吃饱肚子，但却面临一个新问题的困扰，那就是如何能尽量持久地生活在美丽与年轻的幸福之中。"这位超凡脱俗的医生大概是个美容外科专家，他的美容诊所永远门庭若市。据他自己统计，其价格不菲的美容手术居然有 40% 是为工薪阶层做的（这是他的原话！），而且来做手术的绝大部分还是军人（还是他的原话！），而"最热衷此道的是女模特、女售货员和女公司经理"。那些出于不可知原因、尚未下定决心去做美容手术的打工一族也没闲着，他们纷纷购买"松下"牌振动按摩器和"巴比利斯"（Babyliss）公司的蒸汽美发器，尽自己所能投资于美容事业。振动按摩器就像"专业家庭按摩师的手"，可以有效地帮助他们强健肌肉、健美皮肤；而蒸汽美发器则像个蒸汽熨斗似的，可以喷出雾气，把头发弄直、弄软，使头发光滑、蓬松，做出各种浓密的发型来。不过，这样的发型长在那些瘦人头上，简直就像字母"i"上面的那个点。

# 成衣大潮

成衣的出现和发展比较彻底地终止了服装的阶级性。高级时装就此沦落到靠发布流行趋势和发放销售许可而苟延残喘的地步。

1969年在纽约州礼拜堂举行的伍德斯托克音乐与艺术狂欢节聚集了约四十万之众的摇滚乐迷，主要是些年轻人，他们呼唤和平，反对消费型社会。为了标新立异，他们有意穿上一些与流行时尚截然相反的奇装异服，诸如祖父时代的衬衣、平纹或印花的裙子、扎染面料的花衣服，以及第三世界国家的各种服饰和首饰。狂欢节进入高潮时，玩得兴起的姑娘们索性把胸罩脱下来扔到了水里。这一举动后来令内衣制造商们大为光火，他们将这种“丑恶行径”视作女人对他们的背叛，因为他们曾为女人们提供了如此有力的“支撑”，而这些女人却不可救药地甘愿与落后为伍。在商人们看来，女性没有胸罩是一个国家经济欠发达的表现。

一面是平和的抗议与抵制，一面是动荡的繁荣与发展。似乎一夜之间，装饰业陡然兴起，巨大的塑料广告牌放射着华丽的光芒，开始出现在触目可及的商店楼宇。赶顺了点的印刷业嫌酸性颜料不过瘾，开始大肆使用一种掺了鸦片的颜料。精神分析法日益盛行，帮助人们恢复如灰色颜料般的平静。知识分子们则如好斗的公牛，看哪儿都是红色的。人们的生活水平依然低下，女权主义者们又开始上街游行。成衣制造商开始关注服装设计师并考虑与他们合作。曾经继多人之后再次预言高级时装走向衰亡的退役模特艾曼纽尔·卡恩（Emmanuelle Khanh），与另一位退役模特克里斯蒂安·百利（Christiane Bailly）联手开始了独立于高级定制的成衣设计并成为这一行的先驱。她们通过简化线条、减少结构，从男装、工作服、制服等服装中汲取灵感，创造了更为合理、更便于工业化生产的成衣时尚。此外，一位改行的女时尚记者米歇尔·罗谢（Michele Rosier）则创立了自己的成衣运动装品牌“V de V”（意为度假服装）。随后，索尼娅·里基尔（Sonia Rykiel）、蒂埃里·穆勒（Thierry Mugler）、杰奎琳·雅各布森（Jacqueline Jacobson）+爱丽·雅各布森（Elie Jacobson）同性组合（Dorothee Bis，多罗蒂·比斯品牌）、尚达尔·汤马斯（Chantal Thomass）、克劳德·蒙塔纳（Claude Montana）、卡尔·拉格菲尔德（Karl Lagerfeld）、高田贤三（Kenzo）、丹尼尔·爱特（Daniel Hechter）等一大批如今已功成名就的流行趋势设计师均先后开始了他们的成衣设计生涯。其中，爱特于1963年就成立了自己的成衣公司，其指导思想与业内的同行兄弟姐妹不谋而合，那就是让尽可能多的人穿得起流行成衣。他曾说过："时尚并非艺术。它可以有艺术性，但绝不是艺术。我只是一名成衣设计师。我尊重香奈儿、布瓦莱，或者里维斯（Levi's）这样的高级定制设计师。但你要真有本事，你就让十亿人都穿上你设计的衣服，那才是真正了不起的事。"

服装设计师的发端始于二十世纪五十年代。最早是因为一部分大型百货商店希望为顾客提供服装搭配服务，并为此雇用了一些"有品位"的妇女。当时，这一新职业的从业者们全凭个人经验去为顾客配色、组合、混搭，以达到和谐、美观、富于魅力的效果。为了更好地满足市场需求，摆脱受制于高级定制设计师的被动局面，成衣制造商们成立了一个时尚协调委员会，以统一协商和确定来年的流行趋势。到后来，更加务实的新一代制造商们与服装设计师们联手合作，彻底改变了女装的社会特征，把成衣普及到了千家万户。一时间，成衣备受妇女大众青睐，出门必穿。有人评论道："成衣的出现和发展比较彻底地终止了服装的阶级性。高级时装就此沦落到靠发布流行趋势和发放销售许可而苟延残喘的地步。"高级定制设计师们岂肯善罢甘休，为了保住昔日的辉煌，他们重新掀起了一场时尚自由化的热潮，并拿出一部分二线品牌生产成衣，以求在成衣热中分得一杯羹，这些品牌包括"考莱哲未来时装（Courrege Couture Future）"、"苔德·拉比杜斯高级时装店"（Ted Lapidus Haute Boutique）、"安卡罗平行线”（Ungaro Parallele）、“芮奇小姐”（Miss Ricci）、“朗万 2”（Lanvin 2）、“纪梵希新时装店”（Givenchy Nouvelle Boutique）等。利润丰厚的男装也是他们绝不肯放过的，领带和西装可以让营业额直线上升，连伊夫·圣洛朗也禁不住赚钱容易的诱惑而在圣·叙尔比斯广场（Place Saint Sulpice）开了一家男装店。而此前他从未掩饰过对男装的敌意："要是一个高级定制设计师开始给男人设计衣服，他的设计里肯定会有一些说不清道不明的暧昧。”管他呢，此一时彼一时，能赚钱是真的……

男装开始渐成气候，这让正直纯洁的服装设计师们多少感到有些难受。但丹尼尔·爱特、皮尔·达尔比（Pierre d'Alby）和施瑞贝尔 + 霍灵顿（Schreiber and Hollington）同性组合等几个设计师却根本无所谓：有钱不赚，傻瓜笨蛋！施 - 霍这对四十多岁、胡子拉碴、蛮横无理、玩世不恭的“夫妇”也开始玩起了男装，只是他们设计出来的作品甭管让谁穿上都像个酒桶。不仅女装阵营出现了“叛徒”，男装定制设计师队伍里也分裂出一小撮女装高级定制的玩票者：费路士（Feruch）、斯玛尔多（Smalto）、雷诺玛兄弟和“五人小组”（Groupe Des Cinq）。更有甚者，他们还动用芭铎、奥斯特（Auster）、麦耶（Meyer）、米斯理（Missri）、德·卢卡斯（de Lucas）、爱娃兹琳（Evzline）等名模开起了高级时装发布会。这些终日只知与针头线脑为伍的手工艺人总幻想着能领导高雅时尚的新潮流，只可惜那年头的男西装全是清一色的灰加黑——色彩稍微鲜艳一点就可能被当作同性恋。那时候，男人的性解放还没有提上日程，在男人的价值观里，是没有审美这个概念的。所有男人都担心，如果过于注重自己的形象，就不像个男人了。

整个六十年代，男人们始终处于这种彷徨、踌躇和思想斗争之中。当时有一款仿古香水十分畅销，代表了男人们对传统价值观念的怀恋；而对经济繁荣的期待又真切地表现了他们忘记过去、面向未来、追求消费的渴望。这十年本应是物质供应渐趋丰富的十年，但由石油危机引发的不景气却让经济发展陷于停滞，时尚之花也逐渐枯萎，本应大放异彩的流行服饰却被经济危机夺去了光芒，人们只能在购买不过时的服装或购买二手衣服之间做出选择。当然，也有些人对毛衫情有独钟，特别是手工编织或仿手工编织的毛衫，因为工艺性强而格外流行。像“毛衫王后”索尼娅·里杰尔以及多罗蒂同性组合推出的纯羊毛作品都是既美观又实用，穿着舒适、容易搭配的上等佳品。

## 玩世不恭、不修边幅、粗鄙俗陋的一代

> 随着风格、色彩和款式的多样化，时装迎来了发展的黄金时期。服装款式设计师们就像他们年轻的顾客一样，永远兴致勃勃、性情单纯。

七十年代的男装特点主要表现为过于合身，上衣都是紧腰身的，扣子一直扣到脖子上，这样的流行趋势倒是对工作服的设计不无帮助，整个一个“劳动人民时尚”。尽管法国男装定制设计师米歇尔·法布尔（Michel Fabre）推出了兼具中山装和中国农村对襟小褂特点的新潮男装，对时尚不太敏感的男人们还是喜欢那种线条分明、贴身合体的传统服装：镶边口袋、大翻领，穿在身上透着精神。时不常地，有那么几个“时尚先锋”还要为自己的藏羚羊绒长大衣或羊羔毛中大衣配上条筒裤，但拜托他老人家裤线一定要熨直。还有些时髦男人身裹紧绷的羊毛衫或棉衬衫，脖系五光十色、缤纷艳丽的毛加丝或绉纱围巾、领带，以图在灰

黑色的海洋中一花独放。关于男人是否该戴领带的问题一直是人们茶余饭后的谈资，领带制造商们对此倒是三缄其口，因为他们平均每年都能在法国卖出1600万条领带！领带保住了，另外一样饰物又来抢风头，那就是男用背包。其实，用《Elle》杂志1971年1月11日那一期的话讲，如果男人背包，肯定赶时髦的成分多于实用。说归说，商人们还是绞尽脑汁地生产出了式样各异、用途各异的男包，如褡裢包、手包、斜挎包、折叠包等。当然总是有些不买账的男人，宁愿每天把衣服口袋或皮夹子塞得满满的也不用男包。

男人的形象成了社会关注的焦点，或许是受到这种关注的感染吧，少数男人开始穿上了高达5至7厘米的高跟皮鞋或皮靴。但大部分男人依旧恪守一贯的严谨准则，根深蒂固的传统观念阻止着他们为赶时髦而放弃男性尊严。如果说时代的发展要求他们在穿着上稍事灵活，他们也只愿意把马甲从晦暗的三件套西装中减掉。他们绝不希望受到任何轻视，更不想为了一点华而不实的装饰而放弃可贵的尊严，因为尊严是男人权利与魅力的源泉。“然而魅力绝不是天生的，它只是后天的人为印象，魅力不是活力，而是人际交往与社交仪式中的一种符号。”这种观点代表了一部分人的习惯看法。习惯是顽固的，它有着坚硬的外壳，坚硬得就像男人们一穿到身上立刻就不可一世的制服一样。

随着风格、色彩和款式的多样化，女式时装迎来了发展的黄金时期。服装款式设计师们就像他们年轻的顾客一样，永远兴致勃勃、性情单纯。他们两耳不闻窗外事，一心只做云霓裳，只顾在姥姥辈的旧式时装堆里埋头翻检，借以寻找一些灵感，并时不常地给生产商们带来一些惊喜。“女式成衣的过人之处就在于它敢于不断重复。”这是1970年9月7日《Elle》杂志的评价。专为少女设计的时装在“不协调不等于乱搭配”的信条指引下，开始把上装、下装、内衣、外衣全部混在一起。而势头渐旺的女权主义像压路机一样碾碎了性别歧视的羁绊，为女性解放的前进道路清除了障碍。于是，裤子把妇女从长裙的禁锢中解放出来，后来，超短裙更让她们的双腿摆脱了一切顾忌。1971年，法国女裤的销量从1100万条增至1400万条，而裙子的同期销量则从1800万条掉到了1500万条。时尚的发展趋势开始呈现出多重性，因为妇女们在这个多变的世界里也开始追求个性差异了。那一年，伊夫·圣洛朗推出的一组仿占领期风格的怪异性感时装激起了公愤。“说我激起公愤我也不觉得过分，”圣洛朗解释说，“我是又难过又高兴……不是我变了，而是这世界变了。其实这世界从来没有停止过变化。如今，信念、理性、良心全都没有了，高雅情趣也不见了。”

罢了！时尚不再强加于人，而是转而说服你去接受它。保守派和解放派们为了衣服的长短开始了无休止的争吵。

英国的乐都特（La Redoute）邮购公司在其1971年冬季的商品样本《蓝苹果》中推出了令年轻人惊喜万分的全套新潮服装。有专用于配大衣的可调长短的裙子、各种带护腿的套装，有专为胆大者设计的大开衩长裙和半长裙、专为胆小者设计的迷你裙或裤子，还有连裤袜、棉袍、花毛线衣、毛织紧身衣、超长马甲、墨西哥大披肩、七分裤、超舒适大披肩、乙烯基合成革靴、脱毛兔皮大衣、翻毛羊皮大衣，以及配着各色粗犷项链的晚装，当然也少不了最最时髦的瑞典军大衣。不仅行头标新立异，颜色更是五花八门：鸡屎绿、石油蓝、烂李红、羚羊黄、非洲黑、病态紫，无奇不有。看来，英国人还是很能发掘年轻人的流行趋势的。无论是奥希·克拉克（Ossie Clark）还是桑德拉·罗德斯（Zandra Rhodes），英国服装设计师打扮出来的女人绝对狂野，但却毫无优雅美丽可言，甚至跟时尚都不沾边。他们的设计风格就像在烤羊腿上撒薄荷，老让人觉得那么“新鲜”。

# 奔跑的妇女

漂亮女人已经不再满足只在厨房里做“美丽主妇”。随着时代的发展，漂亮已经成为一种政治、经济和社会资本，一种可以在职场或情场与同类一决高低的个人魅力。

七十年代中期，时尚终于迷失了方向。石油危机爆发后，六十年代时的繁荣已如泡影般消失。“换一块凯尔顿（Kelton，瑞士名牌手表——译者注）手表，您就会焕然一新。”精品广告做得再火，也抵不过“一次性”时尚对消费者的诱惑与骚扰。人们在穿着上逐渐显出的随意性给了媒体一次表现的机会。1973年，法国嘉人（Marie Claire）集团推出了一本名为《100个主意》的女性杂志，这是一本旨在教妇女自己动手扮靓自己、创造自我时尚的经济类月刊。所谓自我时尚，说穿了无非就是在越来越没有区域差异的世俗生活里突出些个性而已，或者也可以说是回归自然、回归真实、回归本性，摆脱时尚制约、特别是挣脱巴黎流行趋势的摆布。巴黎的时尚确实是老牌正宗的时尚，而异军突起的米兰从1975年开始推出了大量时装秀，当仁不让地展示了其服装设计与加工的超级水准。由巴黎、伦敦和米兰构筑的欧洲时装金三角极大地刺激了品牌之间、设计师之间与制造商之间的竞争。

其实，在米兰崛起之前，意大利的时尚中心是罗马，而今，许多曾经在罗马乃至意大利红极一时的品牌都成了明日黄花，如索雷拉·方塔纳（Sorelle Fontana）、艾米里奥·舒伯特（Emilio Schuberth）、艾米里奥·普奇（Emilio Pucci）、萨尔瓦多·菲拉格慕（Salvatore Ferragamo）等。除米兰外，另一个时尚后起之秀佛罗伦萨随即成为意大利乃至全世界男装的摇篮，当然，这要归功于吉安·巴蒂斯塔·乔奇尼（Gian Battista Giorgini），一位既有主见又不乏想象力的职业买手。在他的努力下，“意大利制造”的品牌不断创新，取得了长足发展。1951年2月12日，他在自己的家乡佛罗伦萨广邀各国买手与记者，举办了意大利有史以来第一场时装发布会。此后，在整个六十和七十年代，华伦天奴（Valentino）、罗西塔＋奥塔维奥·米索尼（Rosita and Ottavio Missoni）同性组合、奇安弗兰科·费雷（Gianfranco Ferre）、詹尼·范思哲（Gianni Versace）、缪西娅·普拉达（Miuccia Prada）、乔治·阿玛尼（Giorgio Armani）……一个又一个意大利大牌越过亚平宁半岛的海岸线，开始在全世界大放异彩。

乔治·阿玛尼那时还是个时装新秀，他的设计特点主要是造型灵活多变。他的职业生涯首先始于意大利拉里纳森（La Rinascente）百货连锁店，并由此进入了意大利塞鲁蒂（Cerruti）时装公司。1974年，他推出了第一场个人时装发布会，其作品全部是当时最流行的无衬里男运动装，这期间他也形成了他的“无衬里风貌”。

起源于美国的健身俱乐部像一股大潮，很快就席卷了欧洲。在竞争日趋激烈的人类社会，美丽与强健是每一个想出人头地的人所必须具备的两个条件。有人在书中写道：“自己觉得美不算美，要别人说美才是美：一个人美丽与否的裁判权因此便掌握在了他人手中。”慢跑成了城里人锻炼身体的主要方式，顺便还能呼吸点新鲜空气。而美女法拉·福赛特－梅杰斯（Farrah Fawcett-Majors，美国著名女影星——译者注）飞扬的波浪式金发也以十足的动感成为众人争相仿效的一道风景线。

1972年奥运会上首次亮相的紧身泳衣以“第二层皮肤”般的魅力让那些追求完美身材的人们惊叹不已，并宣告了莱卡（Lycra）时代的到来。在贴身时尚的推动和销售公司的促销下，由美国杜邦公司在1959年发明的这种弹性纤维获得了巨大的发展。于是，芭比娃娃的新造型越发显得四肢修长，靠少吃饭来保持苗条身材成了无数人的生活信条。医院开始常年开设由减肥引起的疏松结缔组织炎治疗门诊。减肥有理、瘦身无罪，时尚专制再次卷土重来；衣服要尽量少穿、皮肤要晒成古铜色——空气浴的鼓吹者们高举着自然主义大旗前来拯救人们的肉体；容颜美丽、精力充沛、身材苗条、青春年少，这些审美“新”标准成了许多人挥之不去的梦想。

在有些人看来，似乎人造装饰品甚至填充物用得越多就越显美丽。于是，女人的身材变得真假难辨。怒不可遏的女权主义者们干脆将自己的乳罩付之一炬，高挺着裸露的胸脯，抗议男人们对女人身材真实性的怀疑。内衣制造商趁机推出了各款“不容置疑的”真实内衣，以尼尔菲尔聚酰胺（Nylfrance）和莱卡聚胺酯为材料，殷勤地为女人们奉上了既无接缝又无扣襻的“隐身”内衣。

时尚开始有些自相矛盾了，女人们的打扮也因此变得莫衷一是。也许有人还记得，身穿圣·洛朗无尾晚礼服的凯瑟琳·德纳芙（Catherine Deneuve，法国女影星——译者注）在众星云集的聚会中曾显得那么孤高冷艳，而一身阿玛尼男西装、白色衬衣、圆点领带、马甲和裤子都略显肥大的米娅·法罗（Mia Farrow，美国女影星——译者注）则表现得那么轻松自在。同是电影明星，装束不同，外表便差之千里。不管怎样，新的时装标准还是明确的，法国时尚作家玛丽莲·德尔伯格－德尔菲斯（Marylene Delbourg-Delphis）在其名著《风流与风貌》中对此表述道：“一件时装首先要‘能穿’，这一点不容争辩，它应该成为女人日常生活的一部分，这意味着，它既要具备基本的穿着功能，又要易于打理、便于收藏。”矫枉必然过正，态度一端正，新时尚推出的新时装就变得无可挑剔，经典、复古，甚至永无过时之虞。其实，所谓流行趋势，就是被许多个体认可了的社会取向。

漂亮女人已经不再满足只在厨房里做“美丽主妇”。随着时代的发展，漂亮已经成为一种政治、经济和社会资本，一种可以在职场或情场与同类一决高低的个人魅力。在弱肉强食的男人世界里，女人把自己变成了奋力抽向社会的一根藤条。八十年代的女性在施展魅力时可谓各有千秋，这种本领让她们个性鲜明、活力四射、傲视天下、所向披靡。法国的服装设计师们也跟着行市见长，他们不再自比高级定制设计师——那早就过时了！他们也不甘再做普通的工业成衣设计师——岂能被市场牵着鼻子走？他们现在是不可一世的“流行趋势设计师”，是法国文化精英中的精英。蒙塔纳、贝瑞塔（Beretta）、阿拉亚（Alaia）、托马斯、慕格勒……这些成了人物的设计师为好斗的女人们设计了一套又一套盔甲般的制服，供她们披挂上阵和全世界打仗。最能代表这些人物的铁里·慕格勒在1973年推出了他的第一组时装系列。在他的武装下，性感逼人的女人们足蹬岌岌可危的高跟鞋，大踏步地冲向了神秘莫测的新时代，冲向了外强中干、不堪一击的男性玩偶……

# 驾车的男人

男人们终于开始改变他们的穿衣方式，他们的穿着表现出了越来越强的随意性。男人们也要通过身上的衣服来证明自己有权选择服装穿着方式、个性表现方式和情绪表达方式。

平针面料成了男人们的最爱，他们把它贴在墙壁上、盖在家具上，不仅如此，他们还要把它穿在身上。用这种面料做成的衣服不论在车里坐几个小时都不会变形。德国迪奥纶平针公司（Diolen Jersey）的广告说得好："男人就该永远追求裤线笔直、西装笔挺。"虽说笔挺的西装把男人的上身裹得紧紧的，笔直的西裤把男人的两腿绷得直直的，可他们一天到晚穿着这身行头居然一点也不觉得难受。

做西装的高兴了，理发的却苦了，因为男人们都不爱剪头发了，理发业因此减少了 50% 的营业额。为了抵制男性顾客的背叛，理发师们掀起了一场广告战，隆重推出了一种新式服务：不用剪发的魔幻整型技术。实际上就是先用香波洗整再用吹风机定型，据说可保留 10 到 15 天。他们的广告是这样说的："请保持良好的理发习惯吧，它会令您身心愉悦。自行处理只会让您的秀发受到损伤。"如此处心积虑，男人们却依然无动于衷。理发师们一筹莫展。

历史的发展不乏巧合，一向热衷于消费的女人们看上了芭铎走到哪戴到哪的那头假发，这种假发规格统一、不分男女，一共有六种颜色，每款 120 法郎。不爱理发的男人们这下可以从女伴那里借来假发扮酷了。为了一酷到底，他们开始蓄髭，并找理发师修出各种形状，后者依留髭多少收费 70 到 100 法郎不等。最时髦的是土耳其式短髭，这种浓密的短髭像毛毡一样盖住上嘴唇，让越来越像太监的男人们多少添了点男子气。蓄了短髭的男人趾高气扬，其实最得意的还是腰包见鼓的理发师。

1974 年，瓦勒里·吉斯卡尔·德斯坦（Valery Giscard d'Estaing）登上了法国总统的宝座，同年，法国著名电影演员兼导演让－克劳德·布里亚利（Jean-Claude Brialy）荣获男士风采奖。这是由巴黎纺织界于 1969 年发起的一个荣誉性颁奖活动，乔治·德斯克里埃（Georges Descrieres）、艾迪·巴克莱（Eddie Barclay）、丹尼尔·塞卡尔迪（Daniel Ceccaldi）、多米尼克·帕图瑞尔（Dominique Paturel）等影视界的男明星都曾先后获此殊荣。按规定，任何人都可以参加颁奖仪式并与获奖者合影留念，沾点风采的光。尽管如此，男人们还是不感兴趣，他们不愿意让别人替自己的穿戴拿主意，更不愿意别人穿什么自己就穿什么。曾为戴高乐将军做过衣服的男装设计师、法国上塞纳省（Hauts De Seine，法兰西岛大区的一部分）议员、世界男装设计师联合会主席保尔·伏克莱尔（Paul Vauclair）一向主张穿衣要穿出时代感和社会感，他曾向德斯坦总统婉转建言："瓦勒里·吉斯卡尔·德斯坦先生说过，要像我们大家一样地生活，那么他外在的穿着就要和他内在的思想一致起来。他应该从那种过时的、保守的古典主义风格中摆脱出来，他不宜总穿那些没形没款、颜色灰暗的衣服，应该表现出一点开放精神，把自己打扮得更年轻些。"其实，瓦莱里·吉斯卡尔·德斯坦在总统竞选时就曾极力主张恢复法国的活力，只是经济危机让这个国家心有余而力不足。最后，还是传统时尚占了上风。有人对此评价道："为了营造73/74年冬季时尚，尽管成衣制造商们一心求变，但法国的时尚却依然缺乏新意、波澜不兴。总体而言，发布会上的新作设计平庸、色彩灰暗、抱残守缺、乏善可陈……"这边的法国固守传统，那边的英国更是回归到了四十年代。变革需要时间，人类社会正在为明天的辉煌积蓄能量。

1976年，曾经大肆鼓吹牛奶美容的英国服装设计师维维安·韦斯特伍德（Vivienne Westwood）和马尔科姆·麦克拉伦（Malcom Mclaren）在伦敦挑起了风靡一时的朋克（Punk，原为一种旋律简单、重复、激烈的摇滚音乐，后来发展成以反叛和无政府为特征的生活态度。——译者注）运动。他们以"性"为名开了一家服装店，专卖那些引发男性勃起联想的服装服饰，目的就是要狠狠刺激一下那些虚伪的中产阶级。电光石火般划过历史的夜空后，朋克运动便被人们对装束和物质的追求所淹没了。后来，纽约的时尚宗师和流行趋势开创者彼得·约克（Peter York）又在美国催生了一个新兴阶层：雅皮士（Yuppy: Young Urban Professional People）。顾名思义，雅皮士指的是城市职业青年，这些人虽然层次较高，但过于狂妄自大，而且一门心思只想赚钱。

1979年，法国高级时装的营业额达到了一百亿法郎，与此同时，巴黎证券交易所的交易指数大涨了18%，而同期的纽约证交所股指仅上涨5%，东京则只涨了2%。同年，首届巴黎—达喀尔汽车拉力赛从埃菲尔铁塔脚下开始了它的一万公里行程。“没有不可能的事。男人们终于开始改变他们的穿衣方式，他们的穿着表现出了越来越强的随意性。像此前的女人们一样，男人们也要通过身上的衣服来证明自己有权选择服装穿着方式、个性表现方式和情绪表达方式。”这是达尼尔·赫施特为他推出的“自由式男装”所做的广告。它表现了男人对穿着自由的渴望。

男人渴望自由，女人更需要解放。据有关社会组织和人士揭露，全世界总共有五百万妇女遭受过割礼的摧残。迄今为止，这种“为使女人更完美而去掉其生殖器多余部分”的野蛮习俗依然在非洲大陆四处泛滥。不管在哪里，让人心疼的总是女人。对于西方女性来说，年复一年的流行趋势始终在逼迫她们“为赶上时代潮流而努力保持身材”。由法国生物学家斯黛拉·德·罗斯奈

（Stella De Rosnay）和乔尔·德·罗斯奈（Joel De Rosnay）合著的一本养生书提出了越来越普遍的“恶吃”问题。此书一经问世便高居法国畅销书榜首，其销量最终突破了12万册。的确，我们吃得太多，太丰盛，甚至太恶劣了！营养学家和运动学家们每天都在告诫女人们（当然还有男人们）要少吃油腻、控制烟酒，时尚大师们更恨不得让每个人的身材都赶上模特。

法国伊兰纤姿（Elancyl）美体公司开始出售一种怪异的、靠按摩去除脂肪的减肥工具。这种工具用塑料做成，带两个把手，有一面像刺猬一样布满尖头。使用者先要在相关部位抹上配售的减肥香皂，再用这种工具去使劲按摩。这种“妙不可言”的按摩器立刻让化妆品制造商们发现了新大陆，他们突然明白了该如何满足人们对完美身材和完美外表的追求，如何引导消费者自己动手保持健美。而少数美国妇女（主要是一些女权主义者、女知识分子和女同性恋者）却拒绝靠人为手段来改变自己的身体，她们认为，自己的身体生下来什么样就该什么样，只有保持原样才是最美的（哪怕是患有多毛症的身体）。可惜，这种对器械的抵制却无人响应。大部分人都觉得自己的身体应该变成什么样就必须让它变成什么样，所以需要给身体按摩、擦拭、排毒、润滑、吸脂，甚至动手术。

# 光天化日下的同性恋

女权主义者用了将近一个世纪才让女性获得了尊重与自尊，而同性恋者只用了不到三十年便找到了他们的生存空间，并让周围的人们习惯了他们的存在。

“八十年代是追求享乐的时代。如果说人类还有什么价值观，那就是：享乐。这个价值观既不会贬值，也不用上税，更不会崩盘。”这是一则房地产广告，也是物欲横流、今朝有酒今朝醉的八十年代的写照。永无休止的电视连续剧没完没了地上演着一场场为追求金钱而进行的战争，当然还有男人与女人之间的战争。女人们利用这个社会赋予她们的一切手段来追求主导权。有人说：“今天的广告再也不提什么异性之间的魅力、好感或神秘感，而是用‘本钱’这个商业术语来代替这一切，似乎人体变成了一个企业。”女人正是靠着这样的本钱从附属品变成了主宰者。职业女性更是凭借这样的资本向权力顶峰发起冲击。圣洛朗的左岸（Rive Gauche）公司曾为“出人意料的女人们”设计过一款香水，的确，如果把女人比作香水，她们的香型就是“出人意料”。她们身穿垫肩上衣以尽显须眉气概，脚踏平底船鞋以站在法律之上，腿上则套着网眼长筒袜，以便在追赶金钱与权力时健步如飞。当然，她们还有另外一重身份，那就是——母亲。既为人母，便免不了为孩子闹点家庭纠纷，由美国导演罗伯特·本顿（Robert Benton）执导、达斯汀·霍夫曼（Dustin Hoffman）和梅丽尔·斯特里普（Meryl Streep）主演的电影《克莱默夫妇》让无数观众为这对夫妇的感情波折一洒同情之泪。这部电影也是新时期的男女彼此寻找新价值观与新平衡点的旁证。可惜他们最终也没有找到，只因为这个时代太现实、太浮躁、太功利。痞子歌手伯纳德（Bernard Tapy）唱响的头一首歌还是情真意切的《我爱她们每一个》，第二首就变成了痛心疾首的《我再不相信女孩》。不到二十年的时间，他摇身一变成了名噪一时的大商人贝尔纳·达比（Bernard Tapie，曾任法国马赛奥林匹克足球俱乐部主席、法国议员、市长和政府城市部长等，后因被查出打假球而入狱、负债。——译者注），只是其公司乱子不断，丑闻糗事时常见诸报端，他本人也在媒体的炒作中臭名远扬。

放下八十年代暂且不提，先来展望一下九十年代。1993 年，艾滋病初现人间，立刻闹得人人自危、谈之色变。其实，早在 1981 年就有人发表了艾滋病研究报告，可惜没有引起重视。同性恋者首当其冲，他们最早感染上这种被称为“同性恋癌症”的可怕疾病。任何人只要自己承认、或者被医院查出患有此症，都会马上被划到同性恋的队伍里。这种“见不得人的”疾病似乎专杀那些过着“罪恶的”和“恶心的”性生活的人，在同性恋者中引起了巨大震动。面对各种非难，同性恋者没有选择逆来顺受，他们举办各式各样的活动，成立各式各样的组织，不断地申辩、抗争，为自己争取应有的权利。后来，他们索性从半明半暗转为光明正大，从以前的自惭形秽转为以此为荣。从那以后的每一年，在全世界很多城市中，同性恋者们都要组织热闹非凡的狂欢游行，公开向世人炫耀自己的性取向。艾滋病让同性恋们因祸得福，他们通过有组织的斗争终于为自己找到、或干脆说争得了一席之地，获得了社会的正式认可。女权主义者用了将近一个世纪才让女性获得了尊重与自尊，而同性恋者只用了不到三十年便找到了他们的生存空间，并让周围的人们习惯了他们的存在。同性恋者的翻身得解放不仅让社会改变了对他们的看法，也改变了对男性特征的看法。

人们日益认识到，一味批评男人女性化似乎有失公允，与其说九十年代的男人越来越女性化，不如说他们越来越趋向于“同性相恋”。“女性化”这个词实际上与女人没有任何关系，它指的是男人的整体形象与传统意义上的女性趋同。从九十年代末开始，女性化的男同性恋者彻底模糊了男人的传统特征。虽然在“家庭”中扮演着妻子的角色，但他们依然具备男人的生理特征，而且外表越发具有男人味，只有他们自己清楚自己与一个正常男人的区别。在男人们忙着互相爱恋的时候，女人并没有逃脱被男人摆布的命运，因为男人始终是女性审美取向的幕后操纵者，他们依靠翻来覆去地制造时尚流行趋势和一刻不停地变换广告宣传手法来吸引和控制女人。而男人自己也正在被同性恋者改变着，后者挖空心思发明了各种别出心裁的“扮相”，像童话里的灰姑娘一样搔首弄姿、顾影自怜，希冀凭借自以为诱人的“美貌”去勾引同性爱人。他们打乱了男人阵营的所有常规。

# 痴迷时尚

八十年代则是唯美主义的天下，很少有哪个设计师在追求个性化展示时不迷失方向。越来越有主见的女性们对这些不切实际的自恋时尚越来越不感兴趣……

让我们再次回到八十年代。在时而精彩迭出、时而止步不前的新奇饰品推广游戏中，在时而新颖别致、时而老调重弹的流行趋势发布演示中，惯于哗众取宠的时尚始终在追求一次比一次热烈的轰动效应。没有哪个年代像八十年代的时尚界这样英雄辈出、这样殚精竭虑、这样五光十色、这样引人注目。有人戏言："只有时尚才是最时尚的！"时尚不停地现身说法，不停地抛头露面，只为吸引更多的眼球。流行趋势设计师们如今都成了人物，像通俗歌星和影视明星一样，成了新闻界和时尚迷们追逐与追捧的对象，追"师"族们毫无保留地向他们倾心奉献着崇拜与赞美，极度的亢奋氛围使"师"们的声望无限膨胀，甚至到了名不副实的地步，连纪梵希本人也慨叹：“世道真是变了，时装行业今非昔比。大家现在只关心设计师本人，对他们的工作与才干却闭口不谈。”接踵而至的九十年代就更是有过之而无不及了。

如日中天的流行趋势设计师们在巴黎、纽约、米兰和伦敦的T型台上一年两次地上演着令人眼花缭乱的时装设计杂技，徜徉在T台上的女人们像万花筒一样不停地展示着绚丽多彩、变幻莫测的霓裳羽衣。索尼娅·里杰尔公司推出的“毛衫女郎”与克罗德·蒙塔纳公司装点的“皮衣女郎”难分伯仲，高田贤三打扮的“彩色娃娃”与尚达尔·托马斯演绎的“激情美女”各有千秋，安娜－玛蒂·贝蕾塔（Anne-Martie Beretta）设计的横平竖直的几何形体与波皮·莫瑞尼（Popy Moreni）描画的灵动美妙的曲线造型刚柔并济，三宅一生推出的虚拟女孩与让－保罗·高提耶策划的歪歪少女相映成趣……各位大师如八仙过海各显其能。还有，像阿尼亚斯贝（Agnes B）、多罗蒂·比斯组合、伊丽莎白·德·塞纳维尔（d’Elisabeth de Senneville）、玛丽泰＋弗朗索瓦·吉尔伯（Marithe and Francois Girbaud）同性组合、“像个男孩”（Comme Des Garcons，日本设计师川久保玲1969年创立的品牌——译者注）、山本耀斯（Yohji Yamamoto）这样的成衣设计公司，在八十年代一浪高过一浪的时尚大潮中也是努力进取、出尽风头。而玛丽－皮尔·泰塔拉奇（Marie-Pierre Tattarachi）、弗朗士·安德烈维（France Andrevie）、让－雷米·多玛斯（Jean-Remy Daumas）、山本宽斋（Kansai Yamamoto）、艾曼纽尔·卡恩、里森·本菲斯（Lison Bonfils）、让－克劳德·德吕卡（Jean-Claude de Luca）、盖·保兰（Guy Paulin）、安杰罗·塔尔拉兹（Angelo Tarlazzi）等一大批公司则未能顶住经济风暴和经营风险的打击，彻底地销声匿迹了。

T 型台上的时尚也许满足了新闻界的猎奇心理，造就了新款时装，成就了设计大师，但这种时尚能否真正满足广大女性对生活时尚的需求呢？ 1980 年 4 月 12 日的法国《快报》（L'Express）对时尚专业人士的辛苦打拼做了如下描述：这些终日一袭黑衣的男男女女为了追求职业上的自我完善，在一年两次、每次都是“十（天）乘以十（场）的百场时装秀大赛”中心力交瘁、疲惫至极。“他们在你死我活的竞争中过着炼狱一般的生活。”陪伴他们的还有沉溺于口水大战的各路记者，他们对套着一款款新装、耍猴一样在 T 台上窜来窜去的模特们，以及躲在后台操纵的设计师们全无好感，只是装出一副心驰神往的样子。在费尽心思玩这些把戏的同时，专业人士们是否也该抽空考虑一下女性们的实际要求呢？尽管生活中的时尚时刻在关注着 T 台上的时尚，但可惜不管哪种时尚，始终都拿不出能让女人们穿上街头的服装。

对于每一位流行趋势设计师来说，追求展示性越来越成为其举办发布会的唯一目的，谁的设计花哨好看，谁就会身价倍增，这种追求日益背离了其设计创作的初衷，以至于他们最终拿出的作品从理论上讲根本不具备可穿着性。一本名为《时尚的情绪》

的书中这样写道："试问，铁里·慕格勒设计的那些裙子有谁能穿？什么时候穿？怎么穿？为什么穿？他老人家究竟能维持几个顾客始终是个谜。固然，铁里一年两次推出的时装秀美轮美奂，每一场都会引起狂热人群的如雷掌声；随后，曲终人散，过足眼瘾的人们一边相互拥抱道别，一边暗自祈祷，但愿铁里大师的公司能把这些时装都卖出去，以便能够继续存活下去，这样，到下一个时装季节时，一切就可以重新来过。"像铁里·慕格勒这样的例子绝非少数，只不过他在这种T台时尚中最具代表性。他的作品没有任何销路可言，他年复一年地依靠自筹资金勉力维持，在最终被法国化妆品巨头娇韵诗（Clarins）公司吞并兼拯救之前，他已经拖垮好几个投资商了。

七十年代风行的实用主义与自己动手装扮自己的自助潮流已成不可阻挡之势。八十年代则是唯美主义的天下，很少有哪个设计师在追求个性化展示时不迷失方向。越来越有主见的女性们对这些不切实际的自恋时尚越来越不感兴趣，她们更喜欢穿着舒适自如的普通便装，再配上大牌公司的奢侈饰品，这就足够满足她们的虚荣心理了。推动消费前进的时尚发动机只好依靠其他能源来运转：休闲、旅游、汽车……躲在暗处的面料商们一面精明地打着投资计划的小算盘，一面冷眼旁观这些前卫设计师们自娱自乐、自高自大的花哨表演，他们早就算准，眼下闹得正欢的T台时尚，迟早也会像曾经风靡一时的高级时装一样成为过眼云烟。

新闻界在这一轮"流行趋势设计师沙龙"的复兴中扮演了

十分重要的角色，各种地下和公开的杂志充斥着对时装模特的报道，摄影师不断推出一幅幅煽情的时装照片，时尚编辑则忙于发掘有潜力的设计师新秀。“与时俱进”的时尚媒体执着地发表着连篇累牍的时尚报道与评论，让人分不清哪些是新闻，哪些是广告（现如今，广告都改叫信息交流了）。时尚记者与时尚业者过从甚密、相互欣赏、利益共享，彼此友谊的互通与回报都体现在了报纸杂志上的大幅广告与长篇报道上。媒体对于八十年代妇女追赶时髦的报道和购物消费的引导超过了以往任何时候。经济繁荣所带来的高收入促使女人们变本加厉地梳妆打扮，追求物质享受。名牌奢侈品大行其道，而为其广告提供大量版面的报纸杂志则不动声色地把消费引向高端，踌躇满志地让众多有财力、够档次的雅皮士们、一夜暴富的新贵们和漫不经心的乐天派们钻进令他们趋之若鹜的“奇妙世界”圈套。

1981 年，全世界的电视观众共同欣赏了英国王妃、仙女戴安娜（Diana）的绰约风姿，身穿军礼服的查尔斯王子挽着一袭曼妙长裙、光彩夺目的王妃款款步入了婚礼殿堂。戴安娜的裙子出自一对英国设计师组合大卫和伊丽莎白·艾曼纽尔（David And Elizabeth Emmanuel）之手。腼腆羞涩的王妃旋即成了全世界最有魅力的女人，成了所有时尚迷们的偶像，所到之处无不遭到狗仔队的围追堵截，直到为躲避媒体的镜头而香消玉殒。

时尚继续着它的国际化进程。八十年代的时尚比任何时候都更加装腔作势、名实不符。曾任法国文化部长的投机分子贾克·朗（Jack Lang）发表过这样的言论："多年以来，时装业一直是最为重要的文化产业之一，它所表现的始终是一种创造性。如果流行趋势设计师远离了艺术世界，那将是不正常的。"这种把时装业与文化混为一谈的说法纯属牵强附会，时装业说到底不过就是一个产业。法国一向以其时装文化为荣，却恰恰因此丧失了它的产业与工艺优势。但法国并不以为然，它认为，流行趋势不属于实用主义，只属于那些新锐流行趋势设计师。只可惜，这些人鼓捣出的时装只适合上照片，根本没办法穿出门。如今，这些人还在身价看涨，摇身一变成了"新一代高级定制设计师"。时尚就这样从躯壳到灵魂都被淹没在后现代主义的浪潮里。

失去了方向感与使命感的时尚只能去真存伪，靠仿造过日子。大大小小的设计师无不在盗用和沿袭老思路、老造型、老模式。他们在故纸堆里考古发掘出的所谓新时尚无法经受时间的考验，只能是昙花一现。约翰·加利亚诺就是精于此道的高手。他的第一场发布会是1983年在伦敦圣－马丁艺术学校（St-Martin's School of Art）的毕业设计，这场命名为"不可思议"的发布会一经推出立刻好评如潮，美国布朗斯（Browns）百货连锁店的买手们欣喜若狂地买下了他的所有作品。就这样，设计与生活的脱节阴错阳差地把他推上了职业生涯的高峰。他随即开始了使他名声大噪的巡回展演，并立刻被冠以"当代最具才华的流行趋势设计师"称号。"一将功成万骨枯"，在他如日中天的时候，不知有多少设计师倒在了虚假繁荣的八十年代。"没有人再钟情那些穿不出去的时装。从现在起，做时装就是做生意，我希望我能拿出有销路的好作品。慕格勒的设计没得说，可却没有阿涅斯·B和高田贤三的作品好卖。”这是年轻的法国流行趋势设计师克里斯托弗·勒布尔（Christophe Lebourg）的肺腑之言，可惜他先盛后衰，最后也被虚荣心葬送。

# “大坏蛋风貌”

> 八十年代的时尚展现的其实是一种专制风貌。几年后，不同的风格与装束讨巧地、诱人地组合在一起，最终成为一种纯粹的个性化风貌。

八十年代的时尚展现的其实是一种专制风貌。设计师们信守的唯一原则就是：保持专注，时刻跟风！流行趋势霸气十足，消费者要么接受流行趋势和高级定制设计师强加的时尚，要么就被排除在外。跟风成了设计师获得媒体和女性认可的不二法门。1982 年 7 月的《专业时装快讯》(*Depeche Mode Professionnel*) 语气严厉：“设计师们个人顾个人，只要在一年两季的发布期内每天跟风出上份报纸，就不会出毛病……这种彻头彻尾的自由化倾向或无政府状态让零售商和消费者无所适从、无从判断。要说还有什么东西能把这些设计师勉强统一起来，那只有一条：女人味。”

女人味，这是一个既奇妙又经典的词语，它指出了女人的特性，限定了女人的前提，描述了一个须臾不能离开装饰的阶层。只有拥有美丽的资格才能发挥美丽的作用，这样的美丽是要由外表美来证明的。一个丑陋的女人不会受到任何关注。这就是女人眼里的女人。

在 1981 年 8 月 21 日的《Elle》杂志中，突尼斯裔服装设计师阿瑟丁·阿拉亚（Azzedine Alaia）直抒胸臆："我渴望女人味，女人就应该无时不风骚，无时不性感，对于一座城市来说，女人应该是节日般的点缀，她应该让男人情不自禁地发出这样的由衷赞美：Che Bella Ragazza（意大利语：你太美了——译者注），你太美了！一个女人如果在街头被男人这样拦住，该是一件多么美妙的事情啊。"这是时尚人士眼中的女人。

女人必须依靠自己的身体才能达到目的，特别是如果她想往上爬、想爬到顶。女性报纸不停地刊登职业妇女魅力四射的照片，实际上就是在传播这样的理念。这些女性知道怎样在从事男人工作的同时做好一个女人。发型、化妆品、时装、饰物、身材……社会列出了构成女人魅力和体现女人味的所有要素与手段，离开了这些要素和手段，一个女人就是拥有再多的先天优势也是白搭。按照时代的规则，女人必须比以往任何时候都要下功夫来加工自己的外表。各类女性杂志不厌其烦地把女性名人的手包内容展示在众人肆无忌惮的目光下，尽管照片是死板的，但它展现的女人生活细节、特别是名目繁多的化妆品还是相当复杂和丰富的。

让－保罗·高提耶自得其乐地打造着一款又一款女式时装，他有本事让女人们自以为做了时尚的主宰。他声称："今天的姑娘们虽然还在宣扬女权主义，但她们渴望拥有新的魅力，现在，她们不必再像她们的母亲那样为了魅力饱受痛苦、惹人怜惜。她们可以自主选择拥有怎样的魅力、受到怎样的欣赏，这也是她们对时代发出的呼吁。"为了反对时尚界对"超级女性"一成不变的审美观念，伦敦的高级成衣设计师乔治娜·戈德利（Georgina Godley）推出了一组命名为"疙瘩与肿块"的反潮流时装，在女人的腰部、臀部甚至全身都塞满填充物，刻意地让这些时装显得臃肿变形。

在让·巴杜手下干了整整五年之后，让－雷米·多玛斯举行了他的第一场个人作品发布会。他曾发出这样的质疑："我早就希望用时装来塑造女人。在巴杜公司时，我觉得最被忽略的就是女人。我们一直在做'巴杜的时装'，那时候这些时装还不叫产品，可我们为之服务的女人在哪里呢？"社会本想让女人成为时尚的中心，但在面料至上的设计界，女人最终却被忘得一干二净。

为表明自己超凡脱俗的心志，法国娜芙娜芙（Naf Naf）公司发明了"大坏蛋风貌"的时装，这是一种恶作剧式的时装形态，它玩世不恭地把服装与符号组合起来。这种时装穿在女人身上，既不显高雅更不显华贵，但却成为当时最为畅销的抢手货。娜芙娜芙的这组时装摒弃了当时设计界主流将所有人都逼进一个固定模式的自负心态。但风貌不仅是一种强制性的外在表现，它还是一种存在方式。1983 年 2 月 18 日的《新观察家》（*Nouvel Observateur*）杂志在封面刊登了这样的标题："注重风貌的一代"。引人注目的是，杂志引用了巴尔扎克的一句名言："对于一个巴黎人来说，比美丽更可贵的，是他（她）具备一种风貌。"杂志还注意到了当时人们在审美情趣上的新变化："风貌四下蔓延，同时融入了各种新元素。每个人的身上其实都穿着某种风貌的一部分。风貌是复古吗？大错特错！风貌是摆脱历史约束的一种方式；风貌没有深度吗？又是大错特错！风貌是催人猛醒的一味良药。"当时的风貌已经开始初显分化端倪，几年后，这种分化便一发而不可收，有言论为证："时尚已经不存在了，因为每个人都有了自己的时尚。"不同的风格与装束讨巧地、诱人地组合在一起，最终成为一种纯粹的个性化风貌。

面对风貌，政治家也不能幸免。1985 年 1 月 4 日的《快报》提出了"政治新风貌"的概念："法比尤斯（1984—1986 年的法国总理——译者注）这一代小字辈政治家的外表设计只能因循'五月风暴'时期和戴高乐时期政治家的风格。法比尤斯们一只眼睛关注着民意测验的结果，另一只眼睛注视着电视上自己的穿着，每个人都在小心谨慎地经营着自己和本党的形象。可是不管怎么小心，这些人从装束到言行都暴露了他们的技术官僚出身。"政治家有时需要穿得轻松、显得放松，可惜当时的法比尤斯们做不到。我们只好再等若干年，等着后来的克林顿推出著名的星期五休闲装。

# “躯体之歌”

女人们的身体究竟应该归谁支配呢？是丈夫？是科学？还是全人类？其实，她们的身体一直在归时尚支配！

作为一种精神体操，由生性滑稽的匈牙利人鲁比克（Rubik）发明的魔方以超过4300万种的玩法迷倒了数百万人。而作为一种健身体操，法国电视2台每周日早上播放的托尼克（Tonic）体操节目吸引了许许多多虔诚而执着的追随者，这种体操没有什么脑力成分，主要是体力运动。身着亮闪闪的齐膝紧身衣和软皮腿套、足蹬漂亮篮球鞋的两位示范者薇若尼卡（Veronique）和达维娜（Davina）令200万电视观众如痴如醉。受其感染，成功倡导了运动疗法的法国作家皮尔·帕拉迪（Pierre Pallardy）发明了一种新的“想象力体操”。他所设计的动作除了可以强健肌肉，还可以刺激人们做梦，听上去似乎比有氧运动还有效。事实上它还刺激了各家寻梦工厂的生意。“公鸡（Le Coq）牌运动装就是一首躯体之歌。”广告是这么说的，好像人们也是这么想的。在这样的引导下，每一个人都在努力让自己的躯体做着各种各样的运动，越做越多，越做越复杂。

当然也包括借腹生子的运动。那时候的法国，每年诞生的试管婴儿已经达到了 1500 名。1983 年，为满足那些不育妇女的母性，一些已经做了母亲的妇女首次开始出租自己的肚子，这引起了一场轩然大波。法国社会事务与团结部长乔治娜·杜弗阿（Georgina Dufoix）首先站出来反对这种卵子出租交易。由让·伯纳德（Jean Bernard）教授领导的人种委员会随即响应。一年后，由法国健康与医疗研究院研究员包利厄（Baulieu）教授研制的一种堕胎药丸再次令舆论哗然。这种被命名为 RU486 的“未来型”药丸令妇女们获得了更大的自由空间，成为她们在已有避孕手段之外抵制怀孕的一种补充。少数保守派激烈抵制这种阻断人类正常繁殖链条的新方法。那么，女人们的身体究竟应该归谁支配呢？是丈夫？是科学？还是全人类？其实，她们的身体一直在归时尚支配！

人类躯体的理想形态是由希腊人根据几何学原理和精确对称原则创造出来的，是可以放之四海的准则，虽历经沧桑但绝少变化。不论何时，每个人都根据不同的自身条件，为适应本时代审美趋势的节奏变化而朝着这一完美标准不懈努力着。有人说过：“人类的躯体最终成了审美节奏的祭品而不是资源。”十九世纪的完美女人是丰满的，到二十世纪就成了平板。甚至她们在二十世纪五十年代之前还是丰满的，而仅仅十年之后，追求瘦身的她们便迅速干瘪下去，性感不再，但性欲还在，她们也只剩下性欲可以勉强带入二十一世纪。

在《新观察家》的周刊版中，克莱尔·布雷特歇（Claire Bretecher，法国著名漫画家——译者注）以其独特的笔触向人们描绘了当时社会的纷乱与焦虑。1983 年 1 月 1 日，一位素以大男子主义著称的男士曾如此写下其对女友们的祝词："我美丽的胖姑娘，离了酒就活不下去的你是怎么突然之间就变得像苦苣一样鲜嫩的呢……还有我的贝蒂娜，你怎么也变得那么美丽，皮肤光滑而又舒展……从激光到胶原，1983 年对于女人的皮肤来说真是一个值得庆贺的好年景。"他的话很可能言不由衷。一年后，市场上出现了一种新药丸（又是一种），这是一种以普鲁卡因（Procaine）为主的酏剂，它可以使人更年轻、更健壮、更有活力、性能力更强。在药物的作用下，女人的皱纹开始消除，男人的阳具变得更加坚硬。

此前始终默默无闻的法国女作家玛格丽特·杜拉斯（Marguerite Duras）以一部小说《情人》（*L'Amant*）获得了法国龚古尔文学奖（Prix Goncourt）。这部小说揭开了一直被历史掩盖的、在法国殖民地发生的性游戏的内幕。在另一部非文学作品中，美国大学教员雪儿·海蒂（Shere Hite）发表了她的男性性学报告。超过 7000 位男士逐一回答了她直言不讳提出的一系列问题。调查的结果极大地动摇了男人们坚不可摧的神话：13% 的男性性无能，61% 在性事时无法完成插入，43% 曾经与男人做过爱，1% 不知手淫为何物。用“疲软”形容男子汉似乎比“顶天立地”更为恰当。为了激发男人的活力，迪奥推出了一款极其“野性”的香水，“要多野有多野”。为了缓解男人们做爱时的紧张与压力，有人发明了一种“羽毛床垫”，没想到却遭到无情讥讽：“羽毛床垫就是用羽毛给男人治病。这样的家具确实好，治得男人啥都做不了。”

社会进入了休眠期，每个人都像蚕一样把自己包裹起来，“躲进小楼成一统”，贪图清静，害怕任何刺激。

# 节食的奢侈品业

奢侈品业不是供全体参与的大众娱乐业，而是让人们的日常生活更加精致化的一门艺术。对老百姓来说，它更像是一剂调味品，而不是每天必吃的主菜。

衰退、紧缩、失业，阴沉的经济气候无情地把阵阵冷雨洒向消费市场。所有的东西都在下降、贬值，只有个人主义思想在不断膨胀、升级。危机代替了富足。为了让自己能始终过上安稳日子，人们开始改变生活方式，不再为装点门面而疯狂消费。为了营养、为了体重、为了血糖、为了胆固醇，人们也不再毫无节制地大吃大喝。他们的裤带越勒越紧，可理由居然是……保持身材！法国爱乐薇（Elle & Vire）公司销售的乳制品以“渴望真实”作为卖点，其实，幡然醒悟的一代年轻人早已开始追求真实的生活。为了呼吸得更顺畅、生活得更自在，他们开始渴望更广阔的居住空间。正如1985年5月3日的《快讯》所说：“新的居住观念让另类住宅成为时髦。”人们开始热衷于住在废弃的厂房、遗弃的仓库、闲置的车库、空闲的办公室，为自己开辟新的城市空间。家居装饰全部纽约化，布置得越像车间越有品位。奢华的装修已经成为老套，谁的家具花钱少谁最时尚。工厂商店异军突起，打折销售此起彼伏，不管是真甩卖还是假降价，反正用这种办法清空库存成了经济危机期间的一桩好买卖。

“奢侈品业不是供全体参与的大众娱乐业，而是让人们的日常生活更加精致化的一门艺术。对老百姓来说，它更像是一剂调味品，而不是每天必吃的主菜。”这是《Elle》杂志 1984 年 10 月 15 日的奢侈品专刊对奢侈品所做的评价。这份杂志通篇充斥着法国生活方式的细节，法式奢侈品、特别是法国时装和法国美食更是每一期的重头戏。其实，奢侈还是一种存在方式、一种思维模式，也是对美好事物的一种享受。那期专刊还说道：“奢侈首先是一种才华，其次才是生活的动力。具备这种才华的人善于通过发现和组合创造出‘不太贵’而又‘很时髦’的好东西。这时，所谓奢侈品其实就是聪明人选择的物有所值的装饰品。”最后，你当然还要懂得如何把低档的、中档的、处理的产品和奢侈品巧妙地混搭起来，形成自己的个性化风貌。要做到这一点，首先要会买，要让自己手里的东西看上去都像从高级商场花大价钱弄到的。比如，有人做过这样真假难辨、高低混杂的经典搭配：身穿“拉瑞都”名牌跑步衣，手戴“卡地亚”（Cartier）的 must 名表（八成是假货），足下则是“大地”（Tati，法国低档成衣连锁经营店——译者注）的袜子和“查尔斯·卓丹”（Charles Jourdan，法国著名皮鞋制造商）的皮便鞋。

与新锐流行趋势设计师的创造性相比，高级时装则相形见绌，像一位风烛残年、行将就木却依然企图靠涂脂抹粉掩盖惨白脸色的老妇人。发誓东山再起的巴黎时装公会于 1985 年发展了一对同性恋会员：迪迪埃·莱科特 + 海蒙·萨加（Didier Lecoanet + Hemant Sagar）。然而，这两位高级定制设计师除了会用花里胡哨的装饰糊弄阿拉伯酋长的千金和姨太太们，其实并无过人之处。他们到九十年代后期便销声匿迹，并未在时装发展史上留下任何印记。高级时装界“最后的疯狂”记忆要回溯到 1994 年，它属于热情奔放的挪威人佩·斯布克（Per Spook），此人于 1977 年开设公司，1996 年关闭。他的作品与其说是高级时装，不如说是在运动装基础上发掘时装元素。但记者和买家对他的支持更多的是出于礼貌，他们真正钟情的是让·巴杜公司的设计师克里斯汀·拉克鲁瓦南美式的火热奔放风格，他从 1981 年以后推出的每一台发布会都像一场令人欢欣的焰火晚会，给日渐没落的高级时装界带来些许喜气。相比之下，佩·斯布克把他诗一般的灵感与粗犷的体育运动结合到一起也许是一种错误，尽管许多世界级的运动女星们对他的设计礼赞有加，但毕竟高级时装更适合表现静态的造型美而不是蹦蹦跳跳的运动美。

高级时装只有穿在身材瘦长、弱不禁风的专业模特身上才能让人找到感觉，一旦穿到肌肉发达、体格强壮的运动健将们身上就不是那么回事了。欣赏美色时的悠然与观赏剧烈运动时的紧张是有本质区别的，这种区别至少部分地说明了，为什么高级定制设计师和流行趋势设计师要选择那些颀长而瘦弱的女孩来做他们的模特，因为这些文弱宁静的衣服架子更能在镜头前面表现时装的优雅。传统意义上的女性美表现的是一种被动的、供人欣赏的脉脉柔情，哪怕有再多的女人开始从事体育运动，在人们根深蒂固的概念里，强健的肌肉依然只属于男性。女人做运动似乎只应该以保持身材、增加魅力为目的，而男人的运动则永远是力量的象征和活力的进现。只要留心近年来的时装表演就会发现：男模特们无不身材健壮，肌肉发达得如同大理石雕像般，哪怕让－保罗·高提耶或山本耀司从真实生活出发，时不常会起用一些身材不那么完美的男模特，但这种固定观念依然不可动摇。八十年代，这种肌肉型男人形象被一群同性恋摄影师推到了极致，在他们精心修饰的镜头中，那些每天只吃玉米片的男模一个个看上去都壮得像纯种公牛。

## 来势汹汹的夜总会

时尚开始深入街头巷尾，发掘形形色色的奇装异服和标新立异的行为艺术……黑色聚乙烯、红色人造革、蓝色劳动布作为时尚新宠开始粉墨登场。

“巴黎天天都是节日”，1978年开张的俱乐部Le Palace靠700法郎一“板”的白粉吸引了众多的富贾名流，其热闹程度绝不亚于著名的纽约夜总会Studio 54。每天晚上，蜂拥到巴黎Privilege餐厅的人们其实不是要用那里的糟糕食物填饱肚子，而主要是为了饭后伴着那里的摇滚乐尽情疯狂。那些过惯夜生活的人们疯狂抢购法国娇兰（Guerlain）公司的“提洛克”（Terracotta）化妆品，就是为了给因严重缺觉而异常苍白的脸上盖点颜色。

国际经济合作组织（OECD）宣布了经济危机的结束，于是，股票交易所开始疯狂、房地产业开始飙升、黄金重新成为抢手货。此外，通货膨胀率在下降、石油价格在下降、失业率也在下降。可惜只有法国例外。不过，当时执政的法国社会党虽然总是跟着感觉走，可他们却聪明地把奢侈品公司留在了手里，不让它们私有化。说他们聪明是因为，美国的富婆们平均每人每季花在法国名牌上的钱就超过了 80 万法郎，这让那个惯于四处掠财的超级大国饱尝了肥水外流之苦。

大大小小的国家都在寻找合纵联横的路子，世界化格局正在悄然萌芽，而当时仍处于低水平的世界主义仅仅局限在一些利益集团对无国界时尚的强烈需求，日后给经济全球化制造了巨大障碍的反对派在当时还只是翻不起波浪的小泥鳅，时尚开始深入街头巷尾，发掘形形色色的奇装异服和标新立异的行为艺术，比如，它从一帮俗人们、或者说准俗人们流行的波普（Pop，五十年代末流行于欧美的一种现代艺术流派，其特点是在雕塑中嵌入实物，或以油画形式绘制广告画等，以表现都市生活的各个方面——译者注）和民谣中汲取灵感。世界各大城市中纷纷出现了一些特色商业区，集中销售风格传统、款式朴素、造型美观的服装，比如巴黎的纳西（Nap）地区，伦敦的斯隆兰杰斯（Sloane Rangers）区和纽约的普雷比（Preppies）区，无不体现着集经典、高雅与舒适为一体的新时尚。巴黎人还喜欢把从别处拆下的艺术品安装到酒店周围的空地，以营造夸张的高雅氛围。

靠卖汽水起家的科斯特（Costes）兄弟独创了“现代主义新酒吧”，宾客如织的小酒馆里挂满了高产的高级成衣设计师菲利普·斯塔克（Philippe Starck）的作品。后者的座右铭是：“当今社会，任何现代主义都要经得起时间考验。”话虽如此，可是仅仅十年后，用极富时代感的斯塔克作品装点起来的科斯特酒吧还是倒闭了，取而代之的是更富时代气息的娜芙娜芙专卖店！“该过时的终将过时。再流行的也终有被扔进时尚垃圾箱的一天。”这是自命不凡的娜芙娜芙的广告语，作为后起之秀，娜芙娜芙的命运比科斯特酒吧好得多。

时代在前进。黑色聚乙烯、红色人造革、蓝色劳动布作为时尚新宠开始粉墨登场。流行趋势设计师玛丽泰与弗朗索瓦·吉伯通过绞拧处理把劳动布变成了一种世所未见的新面料，并用它制作了大量标新立异、富于灵性的时装作品。此外，无论是在T型台上，还是在巴黎的酒店区，抑或在巴黎胜利广场（Place Des Victoires）周围的专卖店里，日本人设计的时装随处可见。虽然展示与陈列的环境相对简朴，但法国人对山本耀司、高田贤三、小筱顺子（Junko Koshino）、三宅一生、岛田顺子（Junko Shimada）、鸟居由纪（Yuki Torii）、山本关西、熊谷登喜夫（Tokio Kumagai）等日本设计师的黑色造型或五彩服饰仍然喜闻乐见。

巴黎还算是世界时尚之都吗？当然！只要看看时装界的火爆程度就不必对此有丝毫怀疑。伊夫·圣洛朗公司总裁、巴黎时装公会主席皮埃尔·贝尔热因势利导，打算趁热打铁再为玩成衣的流行趋势设计师们专门成立一个机构。他还打算利用个人能力与关系说服雅克·朗部长，同意他们在卢浮宫方形院举办高级成衣发布会（从那时起，该发布会一直持续至今，一年两届、耗时长久，每届都要展示众多流行趋势设计师和高级定制设计师的大量作品）。然而，惯于出入上流社会社交场所、曾以铁里·慕格勒设计的一袭中山装震惊法国国民议会的朗部长阁下最终只把共和国广场的议会大厦批给了他们。时装界不干了，素以时尚界保镖自居的法国成衣联合会主席丹尼尔·赫施特开始在巴黎福煦大街（Avenue Foch，位于凯旋门和黑森林之间，是巴黎最宽的街道——译者注）组织了“世界上规模最大的时装游行”。可惜，这场好莱坞式的表演不仅缺乏动人之处，而且浮夸做作、荒诞不经。

你方唱罢我登场，这边的赫施特大搞无厘头，那边的皮埃尔·贝尔热则自顾自地在巴黎歌剧院策划“时装奥斯卡”颁奖，最后，这一头脑发热的自大之举同样落得无功而返。“如今的高级定制设计师和流行趋势设计师为了能沾上艺术的边，简直不遗余力、不择手段，尤其是在巴黎这个以高雅著称的时尚之都。”这是《Elle》杂志 1985 年 11 月 11 日的抨击言论。在颁奖典礼上被评为“年度流行趋势设计师”的阿瑟丁·阿拉亚是一位个子不高却富于才气的突尼斯人，他的拿手好戏是性感时装，最擅长打扮街头妓女。他像无限钟爱自己作品的皮格马利翁那样，对找上门来的那些有钱有势、自我感觉极好的女顾客逐一进行精心打扮。其实，每一个男人都像皮格马利翁那样，格外珍视自己塑造女人的权利，他们一直希望能塑造出一个自己心目当中的完美女性。

# 巾帼辈出的十年

> 拥有美丽是生活给女人的一道命令，而保持年轻则是女人为生活所付出的永久努力。

法国专业内衣企业仙黛尔（Chantelle）公司的一则广告曾这样告诫所有女性："你们要小心保护自己的乳房。而保持美丽乳房的最好武器就是：一副好乳罩。"自古以来，保卫女人魅力就是一场战争，而且是一场所有人都必须投入的、永无休止的战争。有人说："作为一种文化，女人的形象始终以美丽为前提。"还有人说："对于一个女人来说，美丽永远是她'存在'于社会的最好机遇。"

美容业从来没有不景气的时候，它不停地推出新产品，而几乎所有化妆品都具有这样的革命性功效：让女人趋之若鹜，并因此倍感特立独行、不同凡俗。拥有美丽是生活给女人的一道命令，而保持年轻则是女人为生活所付出的永久努力。推广驻颜术的厂家永远是名目繁多、花样百出，比如：为消除皱纹而注射动物胶原——通常是那些还没有疯的牛的胶原，这也是最流行的“皱纹阻击法”；而日本人则崇尚“更具兼容性”的人体胶原。与此同时，“安全可靠”的“生物电穿刺术”也开始大行其道，就是用低频电针一劳永逸地把皱纹“电死”。当真一劳永逸吗？天知道！还有一种靠摩擦皮肤消除疤痕的手术，就是用细砂轮打磨皮肤表层以达到光洁效果，有人说，这是“以厚度换年轻”，做完的效果就像给家具上了层新釉。对于那些对所有这些“精心折磨”都不屑一顾的女性，还有一种“面部上提去皱术”可供选择，效果绝对保证，不过需要注意，要想永葆青春，就得每隔五年做一次。当然，年轻是有代价的：最简单的上提手术 1000 法郎，“全活”则要 3 万法郎。

1986 年在巴黎塞纳河上揭幕的圣女雕像——重达数十吨的小自由女神就花了足足 5000 万美元的“上提”费。法国总统蓬皮杜的前顾问玛丽 – 弗朗丝 · 嘉露（Marie-France Garaud）在被记者兼作家克里斯汀 · 奥克朗（Christine Ockrent）问及女性的优势与劣势时曾说过：“有一天蓬皮杜总统对我说：‘您是一位女性，所以别人会对您微笑，但正因为您是一位女性，所以别人也会打您的主意。’”女人的特权就是拥有随时可以变现的魅力，但代价却是为维护魅力而付出的巨大努力。

80 年代的当红模特伊奈丝 – 玛丽 – 拉蒂夏 – 艾格拉丁 – 伊莎贝尔 · 德 · 塞尼娅 · 德 · 拉弗莱桑（Ines-Marie-Laetitia-

Eglantine-Isabelle de Seignard de La Fressange）身高 1.81 米，体重 55 公斤，芳龄 27，与香奈儿公司签有独家协议，身价是每年 30 万美元。她坦承，除了驾照没有任何毕业证书，但这并不妨碍她成为全世界最炙手可热的名模。她的优雅性情、自如表演和纤弱身材无不让人感到亲近怡然。她不仅是一个受人追捧的模特，而且，还曾被选为玛丽安娜雕像原型，成为法兰西共和国的形象女神。（Marianne，法兰西共和国的别名与象征。据法国人考证，“Marie”是圣母玛丽亚的名字，而“Anne”则是圣母玛丽亚母亲的名字。因此，直至法国大革命前，法国有许多女性都取名玛丽或玛丽安娜。十八世纪时，拥戴共和制的革命党人主张以“玛丽安娜”一名作为祖国母亲——法兰西共和国的象征以及共和国公民的别名，而反对共和制的保守派亦以此名作为对共和国的嘲讽。自此，玛丽安娜逐渐成为法兰西共和国的代名词，今天的法国邮票、法国版欧元硬币乃至政府标志上，均有玛丽安娜的雕像形象。从 1794 到 1877 年，玛丽安娜一直以希腊女神雅典娜为原型；自 1877 年后，法国政府开始允许地方上任选优秀女性形象，来塑造当地市政厅前的玛丽安娜雕像。迄今，已有多位法国女星有幸成为玛丽安娜雕像原型。——译者注）

另一位同样高雅但却更具王室风范的女性则远没有那么幸运，那就是饱受身世之累的戴安娜王妃。小报记者、摄影狗仔队为搜集她的花边新闻已经到了不顾廉耻的地步。1985 年 10 月，她接受了法国电视 1 台一档英语节目的采访，节目一经播出，当即被全世界 40 多个电视台反复重播。在女王陛下已经感到皇冠戴得不太稳当、要求儿媳出面辟谣的关键时刻，王妃陛下面对全世界 7.5 亿电视观众侃侃而谈，一举涤清了所有关于她本人及英皇室的不实之词。

名人的活动多，绯闻也多，80 年代的女强人都难逃在毁誉中起伏的命运。还有一位声名显赫的媒体女星，她就是美国的西科尼（Ciccone）小姐。她更为人熟知的名字是麦当娜（Madonna），她像一位站街女郎一样既俗不可耐又引人注目。1985 年，她在由苏珊·塞德尔曼（Susan Seidelman）导演、罗珊娜·阿奎特（Rosanna Arquette）主演的经典影片《绝望地寻找苏珊》（*Desperately Seeking Susan*）中比较出色地展示了她的表演才华。酷爱穿着露脐装的麦当娜展示的是一种痛苦不堪的朋克风貌，然而这种“恶俗品味”却让最讨她欢心的高级定制设计师让－保罗·高提耶赞赏不已，后者专门擅长制造“非偶像化的另类美”。除了高提耶，把时尚非神圣化的还有时装模特。在她们看来，“一个美丽女人首先应该是一个有内涵、有气质的女人。人们通常喜欢把自己看不懂的东西归为庸俗一类。实际上，庸俗与否，见仁见智，别人说了不算”。

## “用什么面料，法国说了算”

尽管巴黎为捍卫世界时尚中心的形象已经拼了老命，无奈“法国制造”的标签早已失去了往日神威。

1983 年和 1985 年，伊夫·圣洛朗先后在美国纽约大都会博物馆和中国北京美术馆进行了巡回表演。此后，又在法国时装与面料博物馆（Musee de la Mode）搞了一次展演，该博物馆位于巴黎卢浮宫侧翼的玛桑宫（Marsan），1986 年 1 月 28 日，法国各政府机构和各界名流曾为它举行隆重的竣工仪式。

同年，克里斯汀·拉克鲁瓦获得高级时装金顶针奖。这次得奖成为他飞黄腾达的一个踏板。次年，他便获得美国时装设计师委员会颁发的奥斯卡最佳外国设计师奖。青云直上的他随后便辞别恩师让·巴杜，在法国时尚巨擘、克里斯汀·迪奥品牌所有者贝尔纳·阿尔诺（Bernard Arnaud）的资助下开设了自己的公司，后者旗下的阿加什财团（Agache）出资 5500 万法郎，帮拉克鲁瓦用他自己的名字注册了品牌，对他寄予殷切希望。这一具有划时代意义的投资行为在国际新闻界一石激起千层浪，所有人都认为，在经济环境已现颓势之际，这样的大手笔不啻一场豪赌，因为无数事实已经证明，高级时装的经营模式是很难赢利的。

美国的国民生产总值增长到 2.5% 便见了顶，没有达到预期的 4%。为了驱散美国经济带来的悲观情绪，一向自负的法国时装界开始变本加厉地大搞时装表演。在埃菲尔铁塔对面的特罗卡迪罗（Trocadero）广场，隆重开幕的第二届国际时装节集中了 900 个模特，吸引了数十名巴黎观众以及全世界上 10 亿的电视观众。被迫与左派共治（Cohabitation，共治是因法国左右两派政党候选人分别当选总统和总理而导致的一种分权治理局面，为法国政坛一大特色——译者注）的右派代表、新任法国文化部长弗朗索瓦·莱奥塔尔（Francois Leotard）提出了创办“时装日”的设想，以迎合时装大师们日渐膨胀的自我意识。对此，1987 年 9 月 4 日的《新观察家》杂志反驳道：“在纺织服装业危机四伏、营业额停滞不前、市场反应消极迟钝、购买力不容乐观的此时此刻，干吗不索性办个裤腰带日？”

“用什么面料，法国说了算。”法国的纺织厂、制衣厂、时装设计界虽然嘴上众口一词，其实心里还是没底。之所以如此嘴硬，似乎是要打破笼罩在本行业头上的某种不祥咒语。尽管巴黎为捍卫世界时尚中心的形象已经拼了老命，无奈“法国制造”的标签早已失去了往日神威。德国纺织服装业以 370 亿法郎的年营业额将法国远远甩在后头，后者连它的一半都不到。造成这种差距的原因是：法国工厂经常延期交货，而且质量不够理想，令众多国际买家望而生畏。不仅如此，法国人还缺乏公平竞争意识，“比如，他们固执地把参加巴黎女装成衣展的外国展商全都安排在凡尔赛门（Porte Versailles）展馆的同一层，而且，给外商的展览面积只有这一层，实在卑劣至极”。1986 年 10 月 3 日的《快报》愤然批评道。盲目自大、华而不实的巴黎从来只重设计不重生产，沉疴陋习，不可救药。

纺织业发达的法国本来应该成为出口大户，但它却对发展迅猛的世界一体化趋势视而不见。1984 年，约翰·加利亚诺曾在《Vogue》杂志上放言：“要是有一天法国与国际接轨了，那我们还不得去讨好全世界？”的确，法国时装界倚仗其特殊地位，一向对其他国家的时尚品位不屑一顾。不仅如此，他们把宝全都押在奢侈品行业上。为了奢侈品，不惜把时装业的油榨干、血吸净。不过，完全控制了时装业的奢侈饰品一度的确曾使法国赚取了丰厚利润。然而，与奢侈品相伴的法国时装业却因为严重贫血而信誉扫地。法国的时装品牌企业以家族产业和家族经营为主，它们四处签发品牌销售许可证，只管自己赚钱，全然不考虑产品质量、不在意设计元素、不注重品牌形象，也不理会消费者日益增长的不满情绪。

# 速写国际型女性

如果说高级时装是一枚金质奖章，女郎们就是奖章下面的支架，有了她们，这枚奖章才有了展示的依托。

法国的桦谢菲力柏契（Hachette Filipacchi）传媒集团坚信，它可以造就这样一个国际型女性形象：年轻、活泼、开朗，而且性情温和到足以吸引全球新闻传播者的注意力，或至少也是大半个地球。作为这一国际型女性形象的代言人，《Elle》杂志把这一完美形象推向了日本、美国、阿拉伯国家、瑞典、巴西、德国、中国、俄罗斯……随即，杂志的发行量也开始日益飙升。这种运作模式堪称经典。

再来看看法国时尚，它能像传媒界一样造就如此经典的一种模式吗？如果说，法国时尚还保持着一定的知名度，那么，随着时装领域的日渐分化，由于缺乏明确的长期战略和具有远见卓识的领军人物，它已经在日益崛起、随时准备发动一场世界时尚大战的意大利和美国面前相形见绌。聊以自慰的是，当今时尚巨擘贝尔纳·阿尔诺在他 39 岁时就接收了年营业额 120 亿法郎、全球雇员达 16000 名的布萨克纺织集团，建立了自己的时尚帝国。此外，他还握有一笔 50 亿法郎的战争资产。他的目的很明确，就是要“领导世界奢侈品潮流”。克里斯汀·迪奥公司成为他旗下最得力的急先锋；1989 年，他又聘请意大利人吉安弗朗科·弗雷担纲迪奥的总设计师。随后，他连续收购了赛琳（Celine）箱包公司和好商佳（Le Bon Marche）百货公司，还吞并了 LVMH 奢侈品集团，包括该集团旗下大名鼎鼎的路易·威登（Louis Vuitton）公司，他饕餮般的胃口似乎永远得不到满足。今天，他手上的 LVMH 集团已经拥有超过 100 亿欧元的资产，除上述公司外，集团旗下还有伯鲁提（Berluti）制鞋公司、布利斯（Bliss）化妆品公司、克里斯汀·拉克鲁瓦时装公司、唐娜·凯伦（Donna Karan）时装公司、纪梵希时装公司、娇兰化妆品公司、哈德坎迪（Hard Candy）公司、萨马利亚人百货公司、劳尔（Loewe）时装公司、Make Up For Ever 专业化妆品公司、品克（Pink）化妆品公司、普奇时装公司、丝芙兰（Sephora）化妆品公司、豪雅（Tag Heuer）钟表公司、真力时（Zenith）钟表公司，以及十几个香槟酒和烈性酒的驰名品牌！凭着对市场特有的直觉，仗着所拥有的雄厚财力，他随后又把业务扩展到了更广阔的生产领域，为每一位国际型女性生产和提供她们所能想到的、甚至她们没有想到的一切饰品，满足她们的一切高消费需求，引导她们再接再厉，争取做到挣800花1000。他知道，这样的女性对于自己的穿着打扮和“装潢装饰”已经在意到了歇斯底里般的狂热程度。他要彻底打破高级时装过度依赖奢侈品的保守观念和仅仅拘泥于展示针线功夫的古板做法。贝尔纳·阿尔诺清醒地认识到，没有破釜沉舟的惊人勇气和大刀阔斧的雄才伟略，要想激活一个明显落后于时代、背着沉重历史包袱裹足不前的时装品牌，比登天还难。但他同时也知道，有许多公司正在退出高级时装行业，转做工业成衣，只要反其道而行之，把那些具有广泛影响力的大牌公司重新推进高级时装的公共汽车，就不难达到重振奢侈品雄风的目的。

法国的高级时装神话开始回光返照。经历过那个神话的流行趋势设计师无不认为，那是他们职业生涯的顶峰。攀上这样的顶峰，他们便可以在完成历史使命后光荣引退，理直气壮地住进金碧辉煌的高级时装干休所。而对于投资商来说，这样的神话也代表了他们胜利完成历史使命后的一种荣耀，就像一个跳了几十年终于跳累了的舞蹈演员可以无愧于她的艺德和良心一样。高级时装就这样变成了人们心目中精美绝伦的铂金艺术品。

“高级时装的盛宴结束了，那么，那些曳地十米、缀满羽毛、绣满图案、像‘一千零一夜’故事那般璀璨夺目、曾经在T型台上盛极一时的时装作品该怎么处理呢？”1990年2月5日的《观点》（Le Point）杂志发出了这样的质询。最后的结果是“那些腰缠万贯的富婆（世界上有一亿分之一的女性是只穿高级时装的）争相抢购，根本不在乎这些时装曾经被模特穿过"，有关方面以40%的折扣回报了她们！试想，如果没有这些慷慨解囊的富婆，那些珍贵的时装精品就只能听凭命运摆布，要么被某个女星或某位上层淑女低价买走，穿到身上供记者拍照留念，要么就只有被堆到某个博物馆的地下室。多亏有了那些像"橱窗女郎"般穿着高级时装抛头露面的富婆，设计师和投资商们才能在她们的温暖怀抱里重拾自己的虚荣和骄傲——毕竟，"橱窗女郎"们的能量对公众舆论具有足够的影响力。如果说高级时装是一枚金质奖章，女郎们就是奖章下面的支架，有了她们，这枚奖章才有了展示的依托。

贝尔纳·阿尔诺凭借个人能力，不断把坐在场边的旁观者推进奢侈品的大舞池，令其翩翩起舞。巴黎城里有太多濒临死亡的时装公司，用点儿银子、动点儿脑子，就可以给它们憔悴的面容涂上好看的颜色。

自其流行趋势设计师于1955年过世后，罗莎公司便主要从事饰品和香水生意，现在，它终于下定决心，要找回昔日的荣耀，在90/91季的发布会T台上辉煌一把。大家都以为它会找罗密欧·吉利（Romeo Gigli）或阿瑟丁·阿拉亚帮助设计发布会上的系列高级成衣，但最后，罗莎却选择了爱尔兰人彼得·奥拜恩（Peter O'Brien）。

45岁的商人阿兰·马拉尔（Alain Mallart）创建了一家资产

达 60 亿法郎的物流运输公司，他收购了苔德·拉比杜斯高级时装公司，当时，这家公司的年营业额只有 5000 万法郎，负债累累，且其品牌形象因设计师与设计风格的频繁更换而大打折扣。但马拉尔信心十足，他把彼此反目的苔德·拉比杜斯和他流落到日本的儿子奥利维埃（Olivier）重新说和到了一起。奥利维埃自此子承父业，挑起了公司的设计大梁。

只可惜，姗姗滑进时装舞池的初学者刚跳了个开头，更新的一茬后来者便蜂拥而入，不仅抢走了他们的女舞伴兼女顾客，而且极其可气地拥着她们一路扭进了狂热古怪的新千年。

男人无不钟情于自己一手造就的女人，他们的虚荣心因此得到极大的满足。但在造就女人的同时，他们也铸就了自己的最终命运，因为到审判日那天，他们所钟爱的女人将以最激烈、最粗暴的方式对他们进行审判。

——加布里埃·马兹奈夫（Gabriel Matzneff，法国作家）

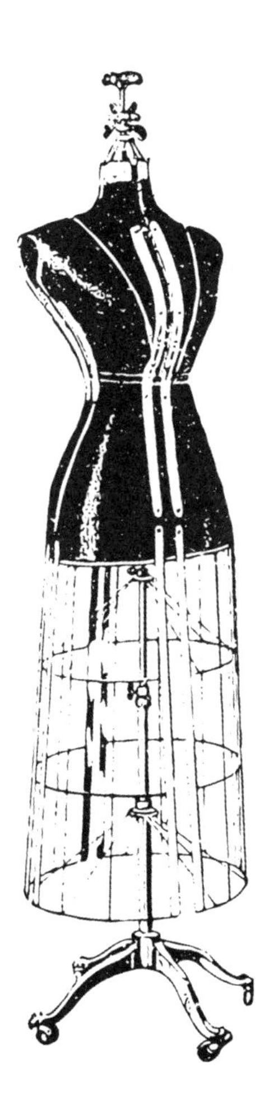

# 二十一世纪

# 世界末日

光彩照人的美女卡罗尔·布盖（Carole Bouquet）紧抱着硕大的香水瓶子，胳膊上的珍珠手链沉沉欲坠。日薄西山的奢侈品就像这大船、这手链，拖着资产阶级渐渐沉向时尚的水底。

1990年1月15日的《Elle》杂志对九十年代所下的定义是："玩酷的年代。""这将是轻松美好的十年。制服正装可以休矣，舒服自在才是第一位的！荨麻套服已经过时，裤衩、紧身服才是最酷的时尚。"克里斯汀·拉克鲁瓦的第一款香水"这就是生活！"（C'est La Vie!）问世了，香型不错，只是味道太重，且甜腻的粉红色包装也不招人喜欢。一次完败！

拥有300家专卖店、年营业额达3.5亿法郎、讲究奢华、富于才气的意大利流行趋势设计师贾尼·范思哲以"范思哲工场"的名义推出了他的第一组高级时装。作品以极其强烈的展示性令人如痴如醉，精致细腻的风格堪与文艺复兴时期的艺术品媲美。

目不暇接的人们一边遥想人类艺术发展史的一幕幕精彩片段，一边欣赏范思哲具有强烈诱惑力的一件件精品时装。“我从不相信什么品位”，这是他喜欢挂在嘴边的一句话。这位43岁的卡拉布里亚（Calabre，意大利南部地区名——译者注）人推动了世界时装的发展，以其光照全球的独特魅力，将设计、营销、生产、宣传与零售有机地结合起来，成为意大利时尚的一面旗帜。注重作品形象的范思哲从出道伊始就只雇用独家模特。随着他知名度的提升，他的模特也跟着声望日隆，时尚杂志封面和发布会T台上不断涌现她们的新面孔。像那位以美人痣闻名、曾经做过露华浓女郎的世界名模辛迪·克劳馥（Cindy Crowford）就是其中之一，她每年的报酬高达60万美元，而工作时间只有20天。名模们的身价与日俱增，一直增到令人不可思议的天价。这些美艳绝伦的封面女郎也因此成为人们心目当中的时尚女王。曾经客串过模特摄影师的卡尔·拉格菲尔德感叹道：“今天的模特简直就是不用说话的电影明星。”全世界的模特经纪公司每年的营业额高达250亿美元！在模特市场数以千计的姑娘当中，大约有500多位拥有正常的职业收入，50多位报酬惊人，还有十几位则成了百万（美元）富婆！比如，拥有芭比娃娃般绝妙三围的德国金发姑娘克劳迪娅·希弗（Claudia Schiffer），先是被评为全世界最美丽的女性，随后又成了全世界最富有的女性之一。

“要想成为明星，那你首先就要有副好牙齿，如果没有，你可以像密特朗（Mitterrand，前任法国总统——译者注）那样让美容师整出一副来。或者，像50%已经成名的明星那样，重新整个好鼻子。这都是最起码的条件，因为你要让自己尽可能地上相。”广告巨擘雅克·塞盖拉（Jacques Seguela，法国哈瓦斯［Havas］广告公司副总裁——译者注）在他的一部自传中这样说过。他在自传中还曾经“设计”过新世纪的后现代主义明星形象，受到媒体的广泛关注。不管怎样，曾经红极一时的伊奈丝·德拉菲桑现在已经算不上这样的明星了，因为她过时了。1990年6月9日，她嫁给了意大利贵族路易吉·德乌尔索（Luigi d'Urso），从国际明星重新回归到普通群众。婚礼上，她穿的就是她“最要好的朋友”克里斯汀·拉克鲁瓦为她设计的长裙。

1990年8月30日，在全世界媒体都以为夏季无战事的时候，萨达姆·侯赛因（Sadam Hussein，前伊拉克总统——译者注）悍然入侵科威特。这次全程电视直播的海湾战争打破了富人世界的平静，被战争惊醒的他们开始感叹世事无常、人生苦短。日裔美国哲学家弗朗西斯·福山（Francis Fukuyama，美国霍普金斯大学政治经济学教授——译者注）在其二十世纪九十年代的一部著作中宣告了“人类历史的终结”，认为人类社会的发展已经进入最后阶段，而我们所栖居的这颗星球最终也将融入银河系，摆脱这个过于真实的世界。发端于加利福尼亚的新纪元（New Age）思潮也认为，人类就是应该与宇宙相应，应该努力探寻宇宙中无意识的隐性状态。

生态观念开始深入人心。品牌经营商与生产商利用人们的这种心理开始在生态营销上大做文章，全世界的人都在回收垃圾、治理污染、驱逐螨虫、抵制化学品。“毛皮产业寿终正寝啦！”美国的生态保护者们举行了声势浩大的抗议示威，抵制使用动物毛皮。美国动物保护协会更组织了多场特别行动，突袭大商场里的毛皮经销商。高级定制设计师与流行趋势设计师被迫使用人造毛皮来吸引那些嗜好毛皮服装的消费者。如今，这些毛皮嗜好者只能深居简出，尽量避免惹人注目。而就在一年前，皮货业还如日中天。作为色情诱惑的主要道具，貂皮与貂毛高居法国皮毛制品的销售榜首，占到了法国毛皮总销量的67%，貂皮大衣占到了法国大衣总销量的三分之二！“每头”（水貂）的售价最高达到12万法郎！时代在犯罪，人类应该感到无地自容！

八十年代盛行的庸俗化就像得了重症心病的病人一样，躺在心理诊室的长沙发上奄奄一息。要想治愈人类在自然界面前的狂妄自大，先要医好他们在人群中的从众心理，这种心理对人类的压制日甚一日，并最终让他们感染了一种深藏内心的病毒：随大流。1990年1月1日的《观点》杂志对此评论道：这是一种“不停地寻找他人认同的强迫性行为，只有别人认可，自己才觉得安全，才能恢复自主意识，才能感到自己的存在”。它就像人类“后现代主义”式的全体互殴，没人能够逃避；它又像摆在门口的脚垫，不管你是谁，都要先在上面蹭蹭脚。眼下，这个资本主义世界又像一艘四壁开裂、四处漏水的大船，所有人都在四处寻找堵漏的木板和封条，希望尽可能长久地保住这艘大船。这情景令人想起了“香奈儿 5 号”香水的新广告：光彩照人的美女卡罗尔·布盖（Carole Bouquet）紧抱着硕大的香水瓶子，胳膊上的珍珠手链沉沉欲坠。日薄西山的奢侈品就像这大船、这手链，拖着资产阶级渐渐沉向时尚的水底。

## “乐于做自己”

> 女性不该像芭比娃娃那样成为时尚的牺牲品，大可不必开着敞篷跑车四处兜风，也没必要一人独享全世界顶级设计师的数百套时髦衣服。

她被称作“冲锋枪”，这外号倒是跟当今战乱不断的世道挺般配。她就是曾经震惊法国政坛的埃迪特·克勒松（Edith Cresson）夫人。1991年5月18日，57岁的她当选为法国第一位女总理。她不乏魅力、笑容真诚、性格鲜明，就是话太多。仅仅是个半月之后，她的免职来得那样突然，出乎所有人预料。或许是因为她没有“九十年代妇女偶像、既性感又聪慧的”劳拉·克劳馥（Lara Croft，是电脑游戏《古墓丽影》中的一名虚构角色——译者注）一般的美妙身材？

在化妆品极度泛滥的今天，女权主义已经渐渐被人遗忘。在一部名为《美容与医学进步》的著作中，法国皮肤专家罗贝尔·阿隆－布伦铁（Robert Aron-Brunetiere）以翔实而雄辩的论述，大量揭露了化妆品商人们的异端邪说、弥天大谎，及其对美容医学科研成果和美容产品专利的剽窃行径，帮助不明真相的妇女们走出美容误区。生产商与经销商总是习惯于把美容护肤品的价格定得极高，甚至高得离谱，其实这些所谓"新产品"的成分和分子式极其平庸，大部分对美容没什么作用。布伦铁的揭露针对的当然不是那些可能含有新成分、产生新效果的科研新成果，法国人类学家布鲁诺·雷慕瑞（Bruno Remaury）教授把这些新成果称作"想象中的产品"，他说："这种关于'未来物质'的想象无不建立在无比膨胀的科研激情之上，这种激情可以让一种新物质产生意想不到的神奇功效。"君不见，几乎每隔十年，伴随着科技的进步，科学家们都要揭开一些新成分的神秘面纱：六十年代有酶、胎盘、雌激素、蜂王浆，七十到八十年代有活细胞、荷尔蒙雄激素、微量元素、胚胎，九十年代有果酸、自由基、微生物，等等。

女人无不希望自己永远年轻漂亮，她们需要梦想，她们更需要实现梦想——当然，必须是切合实际的梦想。美国妇女有不少患有肥胖症，2% 的姑娘患有厌食症，15% 的女性食欲过盛。为了激励她们生活的勇气，教育学家及女权主义者凯茜·麦尔迪（Cathy Meredig）设计了一个异型芭比娃娃，起名为"乐于做自己"（Happy To Be Me）。这个异型娃娃没有模特般的身材，当然也不至于臃肿不堪。她的理念是，女性不该像芭比娃娃那样成为时尚的牺牲品，大可不必开着敞篷跑车四处兜风，也没必要一人独享全世界顶级设计师的数百套时髦衣服。但她低估了芭比娃娃的影响力，这是一个很难从全世界少女心中拔除的神话。深入人心的芭比娃娃已经被请进了著名的巴黎格雷温蜡像馆——有史以来第一次，一个塑料偶像被摆在了一群蜡制偶像身边。芭比娃娃身上穿的是吉安弗兰科·费雷设计的光鲜时装，头上顶着的则是巴黎名剪亚历山大（Alexendre）的时髦发型。亚氏曾为伊丽莎白·泰勒（Elizabeth Taylor）、温莎（Windsor）女公爵、可可·香奈儿、格蕾丝·凯莉（Grace Kelly，美国女影星、摩纳哥王妃——译者注）以及上个世纪的诸多名流做过“顶上功夫”，而这些人无一例外都是芭比娃娃的爱好者……

法国发明了真人秀并对此迷恋不已。对此，各电视台纷纷开始进行反思，知识分子们更是莫名惊诧，而小资们则把它作为茶余饭后的主要谈资。这种通常只在家人面前才进行的“展示”，用来满足流氓们的观淫癖倒是再合适不过，但不可否认，它确实反映了法国人对现实主义和真实现状的渴望、需求和探索。

意大利人拿“爱情党”的议会候选人伊萝娜·史特拉（Elena Anna Staller，又名西西丽娜［Cicciolina］，意大利语意思为“拥抱”，生于匈牙利，后成为意大利著名女脱星。——译者注）毫无办法，面对她袒胸露乳的奔放激情，只有退避三舍。意大利人对广告和煽情从来就不缺感觉。在全世界 80 多个国家拥有 5500 家商店、年营业额达 120 亿法郎、羊毛采购量世界第一的意大利贝纳通色彩联合（United Colors Of Benetton）公司就曾于1992年2月13日在纽约展示了一幅极具煽动力的照片：一个艾滋病患者躺在他老父亲的怀里正在死去。贝纳通品牌的摄影师兼艺术总监奥利维罗·托斯卡尼（Oliviero Toscani）被其国人称为“广告魔鬼”，在大量拍摄了种族、宗教、战争等题材后，他又开始向新的禁地发起攻击。当然，1984年才开业的贝纳通在其国际性宣传活动中还缺少一些足以打动人心的真情，它要走的路还很长。既然这个世界充满尔虞我诈，就要不断变换诱惑手法。

为了给T型台增添更多的异国情调和新鲜血液，西方模特经纪公司开始大举侵入东欧，在当地努力培养那些东欧姑娘，力争把她们培养成富于激情的职业模特。像宝琳娜·巴卡尔（Paulina Bakar）、丹尼拉·帕斯托娃（Daniella Pestova）、伊娃·赫兹高娃（Eva Herzigova）这样的东欧姑娘，无论脸蛋还是性格，都比美国模特要活泼可爱得多。尽管她们在苏联的铁幕后面长大，但其三围却完全符合90–60–85的国际标准，身材的理想与完美程度堪称奇迹。这样的身材就像有幸得中六合彩的头奖一样，让数以百万计的妇女梦寐以求。

如果说，女模特的表演端庄温雅，那么，男人们的表演则大多离不开滑稽。“赌城猛秀男”（Chippendales，1979年创办于拉斯维加斯的男子脱衣舞队，以表演滑稽著称——译者注）舞男们于1992年7月17日首次在法国巴黎的爱丽舍－蒙马特尔

（Elysee-Montmartre）摇滚音乐厅一展脱姿，当时的广告语是："耳听是虚，眼见为实。"拥挤的音乐厅内，舞男们在女观众歇斯底里的狂喊中卖力地向她们展示着由大量氨基酸合成的结实肌肉，令她们在大饱眼福的同时大大满足了报复男人的快感——通常总是男人看女人，如今时代不同了，男女都一样。在她们眼中，这些男人不过是直挺挺的性玩偶而已。

1992 年，为庆祝美洲大陆发现 500 周年，圣洛朗公司总裁皮埃尔·贝尔热邀请了 37 位高级定制设计师和流行趋势设计师，为法国人巴托尔迪（Bartholdi）设计制作的"火炬娘子"（此处指自由女神像——译者注）设计服装，以加强法美友谊。这一电光石火般的灵感显示了法国人对自由与女性的无上崇敬。"今天的时尚界已经自由到了让所有人失去自由的地步。妇女们得到自由是因为她们忘掉了时尚。"这是奥利维埃·拉比杜斯在 1992 年 7 月 16 日法国《快报》上的言论。

高雅不再，美好尽失，这就是二十世纪九十年代的写照。美国说唱乐手的垃圾摇滚和一颠一颠的断续风格给服装设计师们带来了颠覆性的影响，使他们的审美观念和设计思想掺进了许多肮脏含混的杂质。然而，垃圾摇滚毕竟缺乏生命力。卡尔·拉格菲尔德说："垃圾摇滚完蛋了，对付这种脏东西，没有比洗衣机更好的工具了。"但垃圾摇滚还是在人们的品位中留下了不满现状、价值混乱、信念崩溃的后遗症，结果是，很多人开始自己动手改制服装，以彰显自己与众不同的个性。

产生于七十年代末期、流行于九十年代的说唱音乐以其剧烈而跳跃的节奏漫无目的地攻击着人类的方方面面，在全世界的城近郊区迅猛发展。肥大的闪色衣裤、时髦的玩酷运动和精美的奢侈饰品对年轻一代有着巨大的吸引力，时常可以看见，穿得松松垮垮的年轻人在柏油路上旁若无人地滑着轮滑，蹭撞路人如家常便饭。富于艺术气质的浪凡男装和女装艺术总监多米尼克·莫罗蒂（Dominique Morlotti）始终不为这种城市化音乐所动，在默默无闻地为迪奥男装工作七年后，他被贝尔纳·阿尔诺毫不留情地开掉了——据说。随后，他于1990年开设了自己的公司。擅长线条设计却对色彩缺乏感觉的多米尼克·莫罗蒂可能永远也没有出人头地之日，他只是凭着工作激情、凭着与几家时尚杂志女编辑的良好关系努力维持着，就像吹向火苗的一口气，坚持多久是多久。看来，时尚也有郁闷的时候。

## “这么多姑娘都穿蔻凯不是好事……”

蔻凯（Kookai，法国著名时装品牌，创立于1983年——译者注）现象标志着一个时代的结束，从此，高级时装与工业成衣井水不犯河水的时代一去不复返了。

在这个消费者变得越来越挑剔、越来越贪婪、越来越算计、越来越吝啬的时代，精致完美但日益不合时宜的高级时装还有什么存在的意义吗？毕竟它每年需要的投资是4亿法郎，而营业额只有3亿法郎。皮埃尔·贝尔热预言，高级时装将于十年后（大约在2002年）消亡。闻听此言的投资商们马上宣布要大幅削减投资。“高级定制设计师们突然发现，短有短的好处。这里的短指的不是裙子，而是发布会。汇集150余位模特的发布会一反以往地没完没了，每场只限定50分钟。”这是1992年2月20日法国《快报》的评论，“如今的高级时装入不敷出，但各公司都承认，他们也曾有过富得流油的时候。”在经济发展日显吃力的时刻，这样的表态简直就像一则爱国宣言。

经济复苏的朝阳迟迟没有露出地平线，倒是高级定制设计师们设计的裙子全部加长了！如果你关注一下巴黎证券交易所的“裙摆指数”，你就会发现一个有趣现象，就像1990年5月20日的《新观察家》揭示的那样：“裙摆加长，股市下跌；反之亦然。换句话说，时尚所要求的面料长度与法国股票指数的涨跌幅度是成反比的。”六十年代经济飞速发展，迷你裙大行其道；七十年代石油危机制约经济发展，裙子开始变长；八十年代赚钱效应凸显，短裙重又占据上风；到1990年，甚至有人专门为此谱写了一首流行歌曲。

广受文人学者喜爱的日本时装精英设计师三宅一生并不理会这种裙摆效应。1991年，他开始为威廉·福西斯（William Forsythe，美国编舞大师，德国斯图加特芭蕾舞团艺术总监——译者注）的芭蕾舞设计服装。为了让舞蹈演员跳得更加自如，他发明了一种超轻柔打褶聚酯抗皱平针布，灵感来自二十世纪初的西班牙艺术与设计大师马里亚诺·福图尼（Mariano Fortuny）。作为一个功成名就的流行趋势设计师，三宅一生很好地把握了时装的独特性与成衣的规律性，在先后于姬·龙雪和纪梵希公司完成学徒生涯后，他又吸收了纽约设计师杰弗里·比尼（Geoffrey Beene）商人般的精明与精确。他的剪裁精致而富于创意，他的打褶抗皱平针布堪称古为今用的典范，他的作品立足现代、面向未来。他也因此创建了享誉世界的概念型品牌——“我要褶皱

（Pleats Please）”。这个品牌的服装很适合那些奔波忙碌的职业女性，让她们终于找到了消费时尚而不是忍受时尚的感觉。

1987年，在一场由CLM-BBDO广告公司策划的宣传活动中，蔻凯这个无名小牌一举成为无人不晓的知名大牌。精于作秀的三位蔻凯设计师别出心裁地推出了风骚、做作、色情、放荡的“蔻凯女郎”，他们对时尚的态度用四个字就足以说明：玩世不恭。后来，为了让蔻凯充满诱惑的宣传活动做到可持续发展，他们不得不聘请埃斯特尔·哈丽黛（Estelle Hallyday）、琳达·伊万格丽斯塔和辛迪·克劳馥等顶级模特来代替那些装模作样的蔻凯女郎。

一项在专业人士和普通大众中同时进行的调查显示，不同的时尚消费阶层正在日益融合。1988年，因策划蔻凯宣传活动而名声大噪的CLM广告公司又成功说服了伊夫·圣洛朗本人，以及索尼娅·里杰尔和卡尔·拉格菲尔德两家公司，把三位大师的名字列到了自己的海报上。“这么多姑娘都穿蔻凯，这不是好事，我说这话不是为我自己考虑，而是为其他高级定制设计师着想。”拉格菲尔德习惯性地躲在他的屏风后面不无焦虑地嘀咕着。蔻凯宣传活动中推出的种种滑稽可笑的形象虽然超出了媒体宣传的正常范畴，但令人不可思议的是，CLM公司后来居然夺得了法国海报大奖。

蔻凯现象标志着一个时代的结束，从此，高级时装与工业成衣井水不犯河水的时代一去不复返了。高级时装从它高不可攀的神坛上失足跌落，而下绊的就是蔻凯的三个宝贝设计师，他们恨不得让高级时装直接一头栽进棺材里。自此，只余招架之力的高级时装沦落为在街头巷尾挂幌子开店的普通商品。它像其他大众消费品一样，为了多卖俩钱而不遗余力地四处竞争，只不过它卖的是大牌手包、香水、手表和眼镜。它的客户群是那些越来越精明、越来越舍不得花钱的女性消费者，它被迫挤进各种商业场所、动用各种商业手段推销产品，有些高级时装店甚至在橱窗里挂出了这样的广告："这里的价格全部最低！"

库存剧增、利润锐减，纺织服装的销售额骤降 15%，商家们已经想不出更好的办法吸引老顾客。为了提高人气，贝纳通公司甚至搞起了慈善事业，邀请大家到店里随意捐赠任何品牌的衣服，然后再把这些衣服送给穷人。

# “救命啊！瘦子又回来了！”

尽管法国的成衣商也会为胖姑娘们专门设计并展示超大号女装，但法国人毕竟不是美国人，他们一直将重量级女性视为异类，更何况以苗条为美的时髦还远没有过时。

美国第四十二任总统比尔·克林顿（Bill Clinton）上任很长时间后，一直无法让经济走出低谷。他奔放的激情未能创造出世人期待的奇迹，也未能缓和人们普遍的消沉。或许，只有足蹬尖细高跟鞋、屁股插满彩色羽毛、头戴金色假发的美国“变装皇后”（Drag Queen，指男扮女装的表演者——译者注）鲁·保罗（Ru Paul）才能让消沉的人们稍稍变得开心一点。他的名曲《世界超级模特》（Supermodel of the World）虽然了无新意，但却把他推上了 M.A.C（全称为 Make-Up Art Cosmetics，意思是“打造化妆品艺术”，创建于 1985 年的彩妆品牌。——译者注）形象模特的宝座。

为了不在虚幻模糊的时尚迷宫里迷失自己，男人们开始尝试着返璞归真，他们开始崇尚传统价值、追求古朴而经典的时尚，其实还是自寻烦恼。他们纷纷穿起了 Boss（德国著名男装品牌——译者注）西装，好让自己显得更加男人。

1993 年 11 月，美国成衣品牌 Gap 横跨大西洋，试探性地在巴黎的老佛爷百货商店开设了一间与本国店面一样大的专卖店，面积为 300 平方米。而就在三个月前，索尼娅·里杰尔为庆祝公司成立二十五周年，在巴黎卢森堡宫的橘园厅（Orangerie）举行了一场个人作品回顾展。索尼娅的展会虽然结束了，但她的展示却没有结束：新造型、新款式不断问世，留给人们无尽的回味。索尼娅·里杰尔从三十年代流畅颀长的线条中找到灵感，开创了她本人称之为“新古典主义”并贯彻始终的独特风格。她的服装以轻柔驰名，可以像乐高（Lego，丹麦著名玩具公司——译者注）玩具一样一件件叠加组装，但不管怎么叠加，却始终让人没有沉重感，因为她所用的针织面料像人的身体组织一样轻柔。

高田贤三以十亿法郎的价格把自己的公司卖给了贝尔纳·阿尔诺，这个价格相当于他一年的经营收入。高田贤三的服装舒适、实用、怡人，作为流行趋势设计师，他的名声一直都不错。皮埃尔·贝尔热和伊夫·圣洛朗则一直在寻找一家“既非美国又非日本”的买主，以确保 YSL（伊夫·圣洛朗缩写——译者注）品牌的延续性。欧莱雅、LVMH 和西格拉姆（Seagram）集团都对他们俩的品牌兴趣盎然，无奈这对组合的报价太离谱——37 亿法郎，外加负担他们15亿法郎的债务！最后，法国埃尔夫（Elf）石油集团下属的赛诺菲（Sanofi）精细化工公司出面成全了他们。一时间，流言四起，人们纷纷议论说，没有爱丽舍宫（Elysee，法国总统府——译者注）的援手，如此天价断无成交可能。然而无凭无据，传闻也只不过是猜测而已。

作为装饰，哥伦比亚艺术家博特罗（Botero）的杰作——肥妇铸铁雕像被摆进了爱丽舍宫，这些重量级铁娘子似乎在用目光问候着她们的法国同类——体重130公斤的安娜·赞贝尔兰（Anne Zamberlan，法国电影演员——译者注），就是那个给维京唱片城（Virgin Megastore）以无限灵感的胖仙女——这家唱片店的安娜形象海报曾经贴遍巴黎的大街小巷。在一向倡导结社自由的美国，重量级妇女们试图建立女胖子社团，以便通过该社团有组织地融入社会。尽管法国的成衣商也会为胖姑娘们专门设计并展示超大号女装，但法国人毕竟不是美国人，他们一直将重量级女性视为异类，更何况以苗条为美的时髦还远没有过时。1993年12月2日的《新观察家》惊呼："救命啊！瘦子又回来了！"凯特·摩丝（Kate Moss）身高1.70米，体重42公斤，14岁那年，她在纽约肯尼迪机场被一家伦敦模特公司的女老板看中，随后便与美国大牌时装公司卡尔文·克莱因（Calvin Klein）签订了独家协议，报酬是——100万美元。她的身材简直就是崔姬（Twiggy，六十年代红透半边天的英国超模——译者注）的翻版，目光中的那种忧郁颇合当时人们的口味。其实，她的身材与几百万豆芽菜般的同龄男孩别无二致，是迷惘放纵的一代“嗜性少年”的典型代表。“越来越像一群没人养的弃儿”，美国抵制减肥厌食症协会抱怨连连，被互相比着少吃饭的少女们气得要死。这些姑娘一个个脸色苍白、四肢纤细、骨瘦如柴，活像一群小鬼，看见她们，总让人联想起触目惊心的纳粹集中营或饥民大逃亡。这个时代与流行少吃饭的十四世纪如出一辙，以瘦为美成为当时的一种人生态度。在美国，这种厌食心理影响了5%的青少年，有10%的女性过度消瘦。1993年12月2日的《新观察家》有一篇文章这样写道：“这是一种回到二十年代畸形社会的倒退。我们这个社会物质供应极大丰富，但有人却觉得越瘦越美。想想那些缺吃少穿的地区吧！如今的女人日益受到男人目光的威胁，她们总希望在男人的注视下找到自己的位置。”斯特拉·坦南特（Stella Tennant）是一位英国公爵的孙女，瘦弱的她整天一副魂不守舍、孤苦无助的样子，总给人一种不祥的感觉。这样的形象做模特倒挺适合，但却算不上真正的女人。我们就这样进入了一个对女人只可意淫却无法触碰的时代。

## 酥胸高耸

异常兴奋的内衣生产商们看到商机再现，纷纷推波助澜，开始从头到脚为女人生产各种做工复杂又华而不实的内衣……

1993年1月3日的《Elle》杂志诘问道："这年头还有什么不敢穿的吗？谁爱穿啥就穿啥，可以特别无所顾忌，但不可以特别有品位。要穿就穿这样的行头：荧光乳罩、乳白皮鞋、彩色网眼长筒袜、豹皮灯笼裤、毛皮围巾，还得再戴个脚链，涂上又蓝又绿的眼影。"本该捍卫正宗时尚的高级模特们为了赚钱而终日忙于其他商业活动，于是，"变装皇后"和站街女郎的无风格时尚便大行其道。法比娜·特尔温根（Fabienne Terwinghen）、纳奥米·坎贝尔（Naomi Campbell）、塔嘉娜·帕缇兹（Tatjana Patitz）、艾玛·西奥伯格（Emma Sjoberg）和希瑟·斯图尔特－怀特（Heather Stewart-Whyte）等模特们所展示的"与其说是兽皮不如说是人皮"。女人们的装束倒是越来越符合美国善待动物协会的理念。更有甚者，意大利绿党领袖玛丽亚·里帕·迪美娜（Maria Ripa di Meana）居然全裸出现在海报上，海报的口号更令人叫绝："这是我唯一穿而无愧的皮衣。"为了强化人们的伦理道德，越来越多的女人不惜牺牲色相、暴露春光。丰满如梦露的金发名模爱娃·赫兹戈娃裸露上身，胸前只扣了两个小筐来为美国"神奇胸罩（Wonderbra）"公司的新款上托胸罩做广告。面对这样的宣传，大饱眼福的男人们心中窃喜，心驰神往的女人们则购买心切。1994 年，这款凸起的性感乳罩在全世界卖出了 160 万件，光在法国就卖了 40 万件！

异常兴奋的内衣生产商们看到商机再现，纷纷推波助澜，开始从头到脚为女人生产各种做工复杂又华而不实的内衣，产品种类包罗万象，甚至还有系在屁股后面的提臀托垫。这些产品既取悦了女性，又满足了商家，更把男人们的目光和钱包牢牢拴住。对于女人的内衣情结，有人如此评价："如果说女人为取悦自己和标新立异而选择内衣，那么她同时也在为施展魅力创造最有利的条件。女人不都是一边奔跑一边盼着男人来追她吗？"

所有女人都希望自己胸部高耸的同时身材瘦削、屁股撅起的同时大腿细长。为了凸显身材，超短裙再次流行，而且短得不超过 30 厘米，活像系在髋上的一条宽带子。胖姑娘们恨不得把身上的脂肪都溶化进自己的影子里。但真要想化掉脂肪，除非她们接受辛迪·克劳馥的建议。后者推出的一盘关于保持身材的录像带——《伟大的挑战》让她赚得盆满钵满。在这盘带子里，克劳馥把身体比作每个人都要高度关注的一桩个人生意，强调要像管理企业那样去管理身体：投资多多、汗水多多，希望也多多。

美国经济开始重现活力，这种活力来自万众一心的努力和信心十足的憧憬，这是美国人典型的开拓精神。纽约、或更精确地说曼哈顿正在掀起一场房地产投资热潮，破旧立新，重塑光明美好的未来。时尚正在伺机东山再起，重返历史舞台，并试图引诱越来越抠门的消费者再度开始大把花钱。在曼哈顿的麦迪逊大街，卡尔文·克莱因公司买下了一家银行总部，并把它改造成巨型商店，店内装修简朴冷峻。1995 年春天，这家巨型商店终于开张，开了单一品牌首建大型商店的先河。随即，这种模式开始在世界各大城市遍地开花。更有象征意义的是，卡尔文·克莱因通过大规模的市场营销，将一种简单、纯净的时尚升华为至简主义，令人尊敬，亦让人议论纷纷。“少就是多”，这是推崇至简主义的所有流行趋势设计师与消费者信奉的真言。其实，这种至简主义模式和风格是从三十年代德国著名建筑设计师密斯·凡·德罗（Mies van der Rohe）那里借来的。当时，德罗曾掀起一场全球性的现代化运动，旨在强化一种简单实用、纯净优雅的审美理念，展示他的“国际式风格”。

在 1995 年 12 月 11 日的法国《纺织报》（*Journal du Textile*）上，可以看到这样的话：“因为厌倦了物质与精神的双重极端性，时尚需要稍事休息。1995 年标志着性挑逗的终止，取而代之的是小资情调的风流潇洒，时尚离高级时装又近了一步。”这一年宣示着杰基·奥与“漂亮女人”风格的回归，这是一种与金发耀眼的芭比娃娃截然不同的风格。时尚就是这样不停地周而复始。如果说，时尚需要的是去除雕饰、还其本质，那么，几乎彻底改头换面的时装业及饰品业则比以往任何时候都更加趋向资本化。后来居上的美国人重拳出击，希望与古老的欧洲决一死战，并在对方的领土上彻底击败它，香水业则是美国人打赢翻身仗的第一站。想象一下吧，推出一款香水的投资比十年前足足翻了六倍，仅研制一种香水液体的平均成本就达三亿法郎，拿到市场上还不一定成功。其实，90% 的新产品都以失败告终。香水行业确实像其产品一样极易挥发，而朝秦暮楚的消费者又极易喜新厌旧，除非你总是有幸得中头彩。美国的卡尔文·克莱因公司就是这样的幸运儿。它的香型总能投消费者所好，不管是“永恒（Eternity）”还是“迷惑（Obsession）”都卖得不错，特别是“CK 一号（CK One）”，自 1994 年问世以来，一直保持着香水行业的销售冠军头衔。

# 销售外表

> 当今世界，精英主义正在步入平民化进程，不论贫富，无分老幼，每个人都在有意无意地模仿别人的穿着，这里唯一需要的是眼光和直觉。

从 1925 年开始，美丽与奢华就像吹泡泡一样，把浸在泡泡浴里的明星（和女人）们越吹越大。路易斯·布鲁克斯（Louise Brooks，美国著名默片女演员——译者注）有幸成为第一个被吹的对象，七十年后，接力棒传到了一个年龄与泡泡浴皂相同的老男人手里，他就是平和亲切、被影迷们以“您”相称的美国老影星保罗·纽曼（Paul Newman）。女人们的梦想是倚在时尚这个神圣恶魔的怀里去做大明星，但梦醒之后她们发现，自己只不过是不到 50 岁的家庭妇女。

欧洲洗涤剂厂商联合利华（Unilever）为与同行劲敌、美国洗涤剂巨头宝洁（Procter & Gamble）公司争夺市场，专门向妇女们推出了一款把衣服洗得白上加白的洗涤剂，那就是以锰为原料制成的神奇强力除垢剂！它为主妇们提供了彻底解决污渍的好办法，但美中不足的是，它经常会把衣服洗破。于是，联合利华不得不十万火急地把这款产品从所有超市的货架上撤下来。进入现代化生活的人类喜欢的是安全、轻柔、简单的清洁用品，厌倦了过于夸张与炫耀的消费竞争，希望彻底摆脱一切不必要的锦上添花，干净清爽地进入第三个千年。

意大利米兰市的女设计师缪西娅·普拉达在家用箱包行业取得了卓有成效的业绩，她以稳健的方式逐步建立了家族声望。她的成功秘方包括一块设计、一份营销、一点魅力和一撮时髦。后来，女性消费者们扔下了她的黑尼龙包，转而陶醉于她所设计的既现代又优雅的时尚成衣。美国《纽约时报》（*New York Times*）把她既高雅漂亮又昂贵无比的服装作品比作“服装中的鱼子酱”。如今，普拉达旗下的品牌还包括贝博洛斯（Byblos）、车驰（Church’s）、吉尔·桑达（Jil Sander）、杰尼（Genny）、海尔姆特·朗（Helmut Lang）和缪缪（Miu Miu），这些品牌的年营业额累计达 15 亿欧元。缪西娅·普拉达属于营销派设计师，她推出的每一组时装都具有风格简洁、搭配合理、穿着实用、打动人心的特点。普拉达在世界各地推出的时装都十分注重日常穿着性，她绝不为出风头而刻意追求表演性，这也是她取得成功的原因。

时装大师乔治·阿玛尼宣称：“在意大利有许多服装设计师，他们虽然风格各异，但却抱着同样的目的：在成衣市场上拿出被人接受的理性产品。”营造理性时尚，意大利人的旗帜何等鲜明！通过强大的销售网络、有效的沟通手段和坚强的媒体支持，意大利的时装品牌迅速推向全球。意大利人精心研究顾客的消费心理，以优质务实的产品建立了奢侈品的大众市场，让广大妇女切实感到物有所值。他们的观点得到了业界的普遍认可，被专业人士奉为圭臬。

当今世界，精英主义正在步入平民化进程，不论贫富，无分老幼，每个人都在有意无意地模仿别人的穿着，这里唯一需要的是眼光和直觉。在 1996 年的奥斯卡颁奖典礼上，美国性感影星莎朗·斯通（Sharon Stone）身上穿的 Gap 套头衫只值 20 美元，但却与价值 50 万美元的法国梵克雅宝（Van Cleef & Arpels）钻饰搭配得天衣无缝。斯通的这款搭配堪称凭借直觉与理性践行至简主义的经典。

由于极易仿效，这种至简主义风格立刻在从高到低各个档次的时装市场风行开来。西班牙品牌 Zara 借用奢侈品的营销手法，以无比的激情制造和推广这种服装至简主义。通过确定优惠的销售价格，营造良好的商业环境，它成功地展示了极富时代感的时尚精神，准确地把握了顾客的消费心理。1994 年的 Zara 在全世界还只有 200 家专卖店和 70 亿法郎的营业额，四年之后便达到了 751 家商店和 105 亿法郎。它没有花过一分钱广告费，只是通过直接或间接开设大规模、超豪华销售网点的方式展示并推销它的全线产品。在 Zara 的营销理念中，商店就是最具权威性的媒介，是值得全力捍卫的至尊品牌形象，是任何平面广告都无法比拟的最赚钱的活广告。既然已经有那么多大牌在拼命砸钱，为这种全球时尚做广告，干吗还要再花冤枉钱，做这种人云亦云的重复广告呢?

虚幻有余而实用不足的奢侈品时尚给时装行业带来了极其深刻的变化，无论是风格迥异的成熟产品还是风格趋同的新款服装，都一律被冠以企业商标，从而实现了全方位的品牌化。非专业人士根本无从区分普拉达和 Zara 主打套头衫的区别，就好像一般人无法辨认鱼子酱和圆鳍鱼卵的不同一样。当年，一批青年设计师放弃精英时尚，转向工业化时装，从而引发了一场成衣革命。三十年后，凭借成熟的推广和营销策略，一场至简主义的审美革命开创了大众化时尚的新纪元，把时尚从设计师的专制和独家经营的桎梏中彻底解放出来，同时也把高级定制设计师和经销商这些时尚贵族送上了断头台。昔日群雄割据的时装界如今被不断国际化的时尚一统天下，但这种辛苦得来的统一是通过一场又一场堑壕战逐步完成的，恰似一场鱼子酱对圆鳍鱼卵的战争——没有辛勤种树的普拉达，何来轻松摘桃的 Zara ?

# 男人都该“年轻漂亮同性恋”

服装的发展就此被划分为两个时代。男人与世界及周围的关系已经发生了深刻变化，这种变化随即引发了男人在社交场合的着装变化。

1995 年，让 - 保罗 · 高提耶推出了他的第一款男用香水：雄性（Le Male）。香水的瓶型是缠着蓝白道 T 恤衫的水手上身，香型则是典雅的东方香型。43 岁的让 - 保罗 · 高提耶被视为时装界出了名的捣蛋分子，他的想象力有如天马行空，根本不受任何社会禁忌与教条主义的限制，超越一切条条框框的他总是让人措手不及、应接不暇。他的每一场发布会都是新款式与新形象的连续大放送，每一次都毫无例外地引起人们对服装专制的严厉抨击。有人评价：“设计师们联手控制流行趋势的行规最终是行不通的，他们的行规限制了穿衣人与服装之间的关系，要改变这种关系，就要变被动接受服装为主动适应时尚，要创造各种条件，让消费者从身体上去适应新趋势。”

这种联手设计的成果主要是供男人们享用的。男人们自十九世纪起就几乎被“对异性采取主动姿态”的误导所葬送，他们很少、甚至从来不会像女性那样被动地接受异性的欣赏。只有同性恋才会不顾一切地抛弃男人的矜持，利用各种手法去改变自己的性征、粉饰自己的面容，进而暴露出他们在性取向上的矛盾性和双重性。有人指出，同性恋之所以成为同性恋，“是因为社会已经开始了性感化进程，利用现代化的信息网和关系网大肆传播关于性和性意识的一切东西”。在法国的同性恋运动开始二十五年后，让－保罗·高提耶破天荒地组织了一场男人游行展示会。他网罗了一帮水手、牛仔、消防员、性变态、军人、工人、地痞、花花公子，让他们排着长队招摇过市。这些身着各类服装的乌合之众在大庭广众之下以极其庸俗不堪的动作穿了脱、脱了穿，所有动作只有一个目的：性诱惑。同性恋者们当然雀跃不已，而目睹此情此景的正常人却觉得高提耶就是在作秀。其实，他从来就不是一个没皮没脸、趣味低级的人，他之所以如此策划，其实只是为了做一场滑稽戏。他是迄今为止唯一成功摆脱孤芳自赏形象的设计师。与他同时代的其他流行趋势设计师，诸如克罗德·蒙塔纳和铁里·慕格勒也曾试图借助同性恋文化、借用高提耶长篇大论的男性展示手法玩一场自己的男装发布会，但都玩过了火候：太多的皮衣、皮具甚至马鞭总让人联想起当年的法西斯军队。唯一令人遗憾的是，永远自认“法国平庸小男孩”的高提耶只是一味花心思在他的展示和表演上，从不过问生意上的事。其服装的可怜销量与他的声望根本不成比例，可他全然不顾，就愿意躲在高级时装的坟墓里自成一统。

六十年代的肯尼迪家族被视为代表现代化生活的偶像，其家庭成员身居象牙塔，从头到脚衣着得体、光鲜无瑕、潇洒英俊、青春焕发。他们身上集中反映了美国社会对未来充满信心的乐观豁达。三十年后，比尔·克林顿继承了他们的衣钵，无意之中推动了男装的发展。尽管他不是唯一的，但却是为数不多的不拘礼仪的美国总统之一，人们经常会看到他一身T恤加短裤地闲庭信步，他的无领带着装让没有战争经历和大麻瘾的同时代人倍感轻松。作为坚定的民主党成员和自由社会的支持者，克林顿像大部分美国人一样乐观豁达，对未来充满信心。尽管他是世界上最强有力的政治人物，但他首先是一个男人。这一点从他的偷情丑闻中不难看出。他在公众心目中的形象是简单、平易的，不需要依靠总统的行头来捍卫自己的思想或保证自己的权威。他的工作与生活态度破除了男人在正式场合必须穿正装、打领带的死规矩，从而让所有男人从精神到着装都拥有了更大的灵活性与自由度。其实，让－保罗·高提耶的做法与克林顿异曲同工，只是他们都没有进行商业推广。有人如此评价："服装的发展就此被划分为两个时代。男人与世界及周围的关系已经发生了深刻变化，这种变化随即引发了男人在社交场合的着装变化。"

美国人用将近八十年的时间造就了大规模的服装工业，发明了运动服装和休闲时尚，随后又把这种时尚推广到美容业，为时尚辞典增添了许多新内容。比如“周末服装”，说得文雅点就是“星期五的着装”。热衷于享受生活的美国人一到星期五就穿上运动装或休闲装去上班，在办公室就开始体验周末的轻松。美国人以实际行动支持着由克林顿发起的“解放运动”。穿多长的裤子外出是美国男人的个人自由，他们通过这种象征性的自由有意无意地向世界宣示着，只有男人才有资格穿短裤出门。李维·斯特劳斯（Levi Strauss，即李维斯［Levi's］——译者注）是世界第一大牛仔服生产商，其子公司多克尔（Dockers）生产的便装，特别是为周末休闲推出的卡其布宽松裤在全球大获成功。与其他同行一样，多克尔也毫不例外地借助军装发展男装的时尚趋势，它以作战服为蓝本，推出了多款休闲裤，并在大腿处设计了好几个大口袋。这些口袋在通信科技高度发达的今天显得非常实用，可以随身装下包括手机和商务通在内的各种电子用品。

# 女人都该“青春靓丽金头发”

> 想要符合时代要求，除了必须苗条，年轻也是必不可少的条件……越来越多的服装和美容产品被担心落伍的消费者纳入必备之列。

1995 年 1 月 5 日的《新观察家》刊登了全球最具影响力的 50 个男人的详细资料，其中包括精英（Elite）模特经纪公司的老板约翰·卡萨布兰卡斯（John Casablancas）。资料显示，他“用 25 年时间制造了大批卓越女孩，专门生产美丽，供全世界享受”。制造也好、生产也罢，这些字眼的意思强调的无非是找到理想模特材料的重要性，有了这个基础，才可能对外形进行再加工，从而造就优秀模特。在 1995 年 7 月 28 日的《科学》杂志中，美国的研究人员宣称他们找到了控制人体胖瘦的基因，也就是人类曾长期求之不得的调节食欲的基因。这些研究人员希望以此为基础，开发出一种瘦身激素针剂，并以希腊语中的“瘦小”

（Leptos）为词源，将其命名为“Leptine”。这种神奇激素一旦问世，从事减肥及相关美容事业的人士还能有多少年好日子过就不得而知了。其实，这些人士和他们的事业一直受到各类消费者保护机构的攻击，指责他们生产的减肥霜缺乏效力，这些瓶装或管装减肥霜每年在法国要卖出 150 万支。要命的是，想要全身减肥的人必须以节食来配合，而想要局部减肥的人还需要穿上紧身马裤才能达到广告中宣称的效果，因为节食对局部减肥不起作用。穿上这种马裤，女性消费者总觉得自己变成了一匹马，情绪因此受到很大刺激。

美容化妆品生产商深知减肥产品的大量上市会给他们带来怎样的效益，为此他们竭力使消费者相信，每个人都是自己身体的主人，想对哪个部位减肥就能对哪个部位减肥，只有想不到，没有做不到。“日益普及的女性美容行为从根本上反映了她们普罗米修斯（Prometheus，希腊神话中为人类盗取火种的天神——译者注）般反抗精神的胜利，也体现了现代科技与疗效对社会文化的推动作用。”法国哲学家吉尔·利波维茨基（Gilles Lipovetsky）如是说。

想要符合时代要求，除了必须苗条，年轻也是必不可少的条件。年老则姿色衰败、体弱多病、皱纹横生、丑陋不堪。年老色衰甚至未老先衰会让女性在争奇斗艳的永恒战争中失去胜出的资格，提前被淘汰出局，成为可悲的社会弃儿。自然规律不可抗拒，为了表示对年华逝去的老同志的尊重，人们给已届“第三年龄”（老龄的代名词——译者注）的他们冠以一个不失尊严的统称：成年人，并礼貌地将这一少数阶层排除在选美大赛之外。青春年少是患有精神分裂症的当今世界唯一能够接受的理想化社会价值。这个社会奉行青春至上的价值观，身体刚开始走下坡路的青壮年就已经沦为被嘲讽的对象；这个社会奉行唯年龄论，“成年人”们的“自然”美甚至被不屑一顾的人们当作笑柄。有“青春源泉”之称的法国依云（Evian）矿泉水做过一则水中芭蕾的广告，就是这种价值观的极致反映：画面上，一会儿是天赋异禀的婴儿在水中潇洒畅游，一会儿是笨手笨脚的老头老太太在拙劣地舞蹈。

到了二十世纪九十年代，以阿尔法羟酸为基础的新一代抗衰老药问世，简称 AHA。但这种靠清除表皮来达到抗皱效果的神奇药物一度曾很不被看好，因为一旦用量稍大，就会导致皮肤严重发炎并伴有烧灼感。十分了解女性心理的化妆品巨头们在吊女人胃口方面确实不乏想象力，它们不惜用各种宣传手段，鼓励女人们去尝试最折磨人的美容手段。

要想永葆青春，就要敢于投资、舍得花钱，而且要从小做起。据 1996 年 3 日的法国《观点》杂志报道，商人们已经把目光对准了未成年的“准女人”。为了让不满 12 岁的女孩认识到自己身体的价值，他们推出了一种专门适用于小学生的示范性化妆盒。这种打着普及教育幌子的尝试其实就是要把“准女人”们培养成为成熟的消费者，让她们尽早地从追求时尚中体会到乐趣。

这期《观点》还分析说："根据法国国际传播集团（Interdeco）的一项调查，在刚满 8 岁的女孩中，有 30% 知道穿衣服要赶时髦，有 32% 的女孩坚持穿衣服要看牌子。"从摇篮开始培养女性是把她们尽早列入消费阶层的一个好办法。有人发现："平均而言，西方的孩子从 6 岁开始就知道鄙视和嫌弃他们的肥胖同伴，在这方面，女孩比男孩更早熟。"甚至发生过 8 岁女孩就开始节食的奇闻。

时装业和美容业比着赛着推出最新流行趋势，越来越多的服装和美容产品被担心落伍的消费者纳入必备之列。"作为时尚公司的代表作，以缩写字母为商标的珠宝饰品始终居于广告的首要位置。流行杂志上，大牌奢侈品公司的新款皮鞋、流行运动鞋、经典手包、时髦腰带占据了大量版面，成为最新流行趋势的重要标志。"这是 1996 年 12 月 16 日《纺织报》的一段报道。如今，大大小小的"人体装备"制造商意识到，仅仅用生产设备去制造产品还远远不够，还必须遵从广告与市场营销法则，让消费者也"意识到"自己的存在，只有这样，才能借助消费者对品牌的追随心理卖出更好的价钱。

继时装业与美容业之后，发型师们也学会了利用广告的巨大冲击力推销自己。1995 年，法国整体造型大师让－克劳德·比基恩（Jean-Claude Biguine）创办了每两周一次的新型沙龙。自 1981 年开业后，他的公司经 14 年发展，年营业额从 2400 万法郎跃升至 4.2 亿法郎。他的主导思想就是要想方设法普及产业化理发模式，扩大品牌影响，从而提高无形资产价值，取悦公司内的全体股东。确实，他的理发连锁店是以美容业巨头们大量的研发投入为后盾的，欧莱雅就是最大的一个。为了掩饰岁月留下的痕迹、追赶流行趋势，每两个妇女当中就有一个需要经常染发。五十年代，几乎所有美国电影都参与制造了一出金发神话，那时节，金发女郎如天使般风靡西方世界。有评论说："电影里的好人都是金发，而坏蛋都是棕发。尽管拍电影的人借用了儿童思维，但还是不可避免地形成了对某些人种的歧视。"这个问题我们回头再说。电影主人公的金发下面，永远是一张没有血色的苍白面孔。化妆大师们对白色粉底的偏爱似乎永无休止，他们化妆出来的每一张脸都洁白得近乎病态。对此，法国化妆师弗朗索瓦·纳斯（Franxois Nars）解释说："从时尚的角度考虑，我们就是要表现某种极致。当然，在现实生活中，女性还是应该保持正常。"这种一门心思追求时尚的单纯考虑，实际上不失为把时尚由高到低推至社会各阶层的好办法。

1996 年 5 月 11 日的《观点》说道："从乘包机去海边晒太阳到接受人工日光浴灯照射，黝黑的肤色渐渐占据了社会的整个肌体。"从此，晒黑皮肤就成了一件"顺应民意"的事情。

如今，以前的为了面子被迫花钱保养自己已渐渐转变为接受媒体和舆论影响而主动进行自我保健，越来越多的人认识到了要想保持健康就不能贪图享受的道理。通过运动或坐禅保持身体活力的做法逐步开始深入人心。热衷保养的女人们都成了滋补与运动方面的行家里手——当然不是毫无节制的瞎动滥补，而是以保持身材苗条为前提的营养与锻炼。比如跳绳，这项既有趣味又有强度的运动就越来越受到美国人的青睐，伴着单调而有节奏的击地声，"啪啪"作响的绳子似乎下决心要把数百万脂肪肝患者从浑浑噩噩中抽醒。

要想减少体重，除了运动，还必须自我控制饮食。应运而生的各种食物代用品销量惊人，年增幅超过 25%。一些追求完美减肥效果的保守人士更偏爱美国亨氏体重监察减肥（Weight Watchers）公司组织的集体心理疗法，这家公司已经帮助全世界 2500 万妇女以及若干名男人减轻了体重。如果这法子还嫌不够，还有吸脂术等着你。法国每年要做 6 万例吸脂术，是美国的 10 倍。当然，这种手术并非万无一失。巴西顶级模特克劳迪娅·莉兹（Claudia Liz）做完吸脂术后整整昏迷了三天，苏醒后发现还留下了后遗症。其实，她的体重只不过增加了两公斤而已，但苛刻的经纪公司却不能容忍旗下模特因为这点多余脂肪而从穿 38 码服装改成穿 40 码。在模特公司看来，"全世界对完美女人的要求都是一样的，这样的女人即使在最激进的女权主义者眼里也是魅力无限的。完美女人永远都应该秀发飘逸、皓齿明眸、珠光宝气、笑容灿烂"。尽管主流时尚对人性的重视程度十分有限，但好日子还是在日渐临近。

在这个消费至上的世界，对感恩心、人伦情和人性化的渴求与呼唤有如天边红日喷薄欲出。全世界的时尚界都不禁为之战栗，开始绞尽脑汁思索新的应对之策，须臾不敢懈怠。于是，因人而异的量身定制又悄然兴起，一改大生产多年形成的千人一款。审美意识的改善使得人人得以随心所欲地选择自己喜欢的服装款式，放纵个性地想怎么化妆就怎么化妆。以人为本的商业风尚与消除个性的世界化趋势居然做到了和平共处，而那些愤然反对世界化与资本化的国粹主义者本还一直以为国际化营销是根本行不通的……

# 首都之战

> 法国享有时尚的权威性，却失去了对时尚的支配权，与美国这个正在宣扬金钱万岁与快速时尚的庞大帝国形成尖锐对立。

至简主义的精髓就是还事物本来面目。只有回归本质，时尚才能避免流于庸俗或闭门造车，设计师们也才能破除附庸风雅、为风格而风格的陋习。为了满足新闻记者的猎奇心理，让挑剔的消费者永远有新追求，同时也为了压制过于商业化的品牌营销，抵消人们对设计师作品单调的指责，权威依旧的巴黎时装公会将让 - 保罗・高提耶和铁里・慕格勒接纳为正式会员。这个靠输血生存的机构试图通过改善内部机制、向“特邀会员”和“合格会员”（居然狂妄至此！）敞开大门来争取咸鱼翻身，希冀靠一纸证书来鼓励那些有才华的设计师，给他们提供在巴黎展示的机会，以使他们获得同行的认可。其实，这种行会主义的行政手段并不能达到激发创造性、扩展时尚精神的目的。是金子总会发光，真有才干的设计师难道会依附这种无人喝彩的机构过日子吗？

习惯于吃老本的法国时尚界似乎仍然不能融入风起云涌的全球一体化大潮——尽管它曾为之做出过杰出贡献。一向以浓郁时尚氛围和高雅文化灵魂吸引天下英才的巴黎始终向全世界设计师敞开着它的胸怀——第一个投入它怀抱的高级定制设计师沃斯不就是个英国人吗？有什么必要非得口沫四溅的对跨国界、跨洲界的国际营销说三道四呢？夜郎自大、故步自封的巴黎时装公会已经适应不了当今这个消费与物欲至上的时代，就是它导致法国纺织业一蹶不振，渐至穷途末路，而法国时装在二十世纪六七十年代曾经何等辉煌、何等风光！巴密时装公会一直极力压制法国纺织产业的发展，无视市场营销的巨大利益与成衣产业的巨大商机。设计创作与工业生产的关系并非他们想象的那样水火不容、非此即彼，这个行会在二者之间人为制造并激化的矛盾让今天的法国付出了惨重代价。与强势崛起的意大利、美国和德国相比，法国时装业的境遇实在是惨不忍睹。

“巴黎享有时尚的权威性，却失去了对时尚的支配权”，这是1997年3月16日法国《世界报》（*Le Monde*）一篇文章的大标题。一年前，就在当年的高级时装发布会开幕前夕，《新闻周刊》（*News Week*）与《时代周刊》（*Times*）已经开始对这种发出腐烂气息的老古董嗤之以鼻。法国的《费加罗报》（*Le Figaro*）也在1997年3月19日发出了“小心危险！”的警告，指责这场劳民伤财的发布会只知炫耀自己、忽视服装本质、讨好媒体、哗众取宠，“靠屁股和乳房引起公众注意、上电视直播、上报纸头版、获取免费广告……不仅如此，在明知美、意设计师联手合作，准备削弱巴黎时尚历时几世纪的领导地位，并对巴黎多年的错误和危险引导实施拨乱反正的情况下，时装公会还不惜以卵击石，非要和纽约的发布会一争高低。不可为而强为之，反而暴露了自己的弱点，给竞争对手以可乘之机，简直无异缴械投降”，类似的口诛笔伐旷日持久。

如果说法国时装是面向虚拟的少数女性展示顶尖档次的阳春白雪，那么服装营销就是针对实际的大众女性提供统一服务的下里巴人。一个是侯门相府的宫廷华服，一个是小资情调的精英时装。固执与偏见导致了法国这个曾经诞生过启蒙思想与人权宣言的伟大国度与美国这个正在宣扬金钱万岁与快速时尚的庞大帝国形成尖锐对立。1998 年 3 月 8 日的法国《解放报》（*La Liberation*）评论道：“一种破坏性机制显示出巨大的阻碍作用。有那么 50 多个掌握着全球时尚界各种信息的人总想把一切都控制在自己手中，巴黎已经成为阻挠时尚统一的顽固堡垒。”阻挠归阻挠，如今的时尚已经走在整齐划一的路上，不可逆转。自二十世纪五十年代起，美国就已经将世界引入了信息时代，专为 T 台和摄像机设计舞台时装的那些法国和外国设计师也像其他人一样，被裹挟进了这个时代，而他们为之服务的女人正是这个时代的信息载体与产品形象。为了顺应时代，追求与信息技术同步发展，他们制作了很多三维图像，试图以全新的眼光考量时装与成衣的关系，展示女人的姿态与仪表。对此，卡尔·拉格菲尔德反唇相讥：“我们正处在一个越来越直观也越来越犬儒（Cynique，古希腊玩世不恭的哲学流派——译者注）的时代，只有那些懂得下功夫、有着压路机般不可阻挡气势的人才能幸免于这个时代的影响。在这个时尚一体化的时代，所有的服装品牌只能靠形象展示过日子了。”

# 要命的图像

> 男人越来越女性化，换句话说，他们变得更敏感，也更富人情味。而女人则越来越男性化，她们越来越强烈地争取着象征男权的社会地位，并逐步适应了这种权利。

1997年夏天，《人民新闻》（People）的几则报道让全世界都陷入了犬儒与直观的悲剧：7月14日，有“时装界的恺撒”之称的意大利设计师贾尼·范思哲在美国迈阿密海滩的家门口被人枪杀，死时年仅50岁；8月31日，“人民心中的王后”戴安娜在巴黎阿尔玛桥（Pont de l’Alma）下因车祸遇难，死时年仅36岁。似乎是命运的有意安排，贾尼·范思哲曾为戴安娜·弗朗西斯·斯宾塞（Diana Frances Spencer）小姐设计过多款时装，彻底改变了她的形象，充分展示了她的活力。戴安娜20岁时即成为威尔士（Wales）王妃，随即迅速挣脱金色牢笼，开始自由自在地生活。在被至高无上的英国皇家禁锢以前，尽管不谙世事并稍显笨拙，但她却成为那个时代光芒四射的一个自由女神。她曾在英国 BBC 电台上向世人宣称："我永远也不会成为这个国家的王后。"这句话不幸成为她早亡命运的不祥预示。"时尚明星戴安娜"，这是美国《女装日报》送给她的尊称。戴安娜首先是一位美丽的时尚王后，阿玛尼、香奈儿、迪奥、古驰（Gucci）、范思哲……几乎所有大师都曾为她设计服装。其次，她还是一尊柔弱的大众偶像，被人尊敬、被人爱戴、被人追逐，甚至被人强暴、被人谋杀……"我们这个时代太注重直观的东西，文字迟早会毁在图像手里。"拉格菲尔德嘴上虽然这么说，但心里还是不愿接受这个事实。其实，戴安娜就是直接死于狗仔队们的偷拍谋杀。这些偷拍强盗在她身上赚足了钱，在她死后，她生前最后的那些照片被卖到了六百万法郎！在她死后的几周内，全世界的报纸上满是对这种卑劣行径的憎恶与清算。挑起这场"美丽战争"（Beautiful People，由英国新锐导演贾斯明·迪扎德［Jasmin Dizdar］导演的一部关于生命感悟的电影——译者注）的元凶们希望尽快停战，至少别为此丢了饭碗，而公众舆论则恨不得要他们的命。最终，一切口诛笔伐归于徒劳，生活依旧回归平庸。

日本生产的电子宠物蛋给那些因不适应现代社会而备受折磨的人带来了精神安慰，并因此卖出了 2000 万只。约翰·加利亚诺的 1997 年冬季发布会彻底打乱了好不容易建立起来的游戏规则，他推出的系列时装只重表演性，毫无实用价值，重新把女性变回玩偶，变回供人欣赏的活维纳斯，变回逡巡于豪华闺房的橱窗女郎，变回摆设在高雅客厅的精致花瓶。他想以这些反至简主义的作品来标榜自己不受流行趋势左右的特立独行，但他的所作所为只不过是一种彻头彻尾的复古与倒退。

吉尔·利波维斯基预言了“自然女性”的消失以及“第三类女性”（Troisieme Femme，既非逆来顺受的传统女性，亦非不食人间烟火的崇高女性，而是拥有自我的新型女性。——译者注）的诞生，但人类永恒的两性战争从未停止像分离骨肉般将男性与女性截然分开。如今，男人越来越女性化，换句话说，他们变得更敏感，也更富人情味。而女人则越来越男性化，换句话说，她们越来越强烈地争取着象征男权的社会地位，并逐步适应了这种权利。有事实为证：继美国人之后，法国人也开设了专供女性吸食雪茄的俱乐部。女人们在哈瓦那雪茄的袅袅烟雾中轻声细语地聊着天，纵情于伊壁鸠鲁（Epicurus，提出享乐主义思想的古希腊哲学家——译者注）式的享乐之中，就像从前那些熏鲱鱼般裹着吸烟礼服浸在浓烟密雾里的男人一样。证据之二：美国女演员简·芳达（Jane Fonda）曾以女性健美大师著称，她的女性保养录像带卖出了几百万盘，连她也改弦更张，开始号召女性拥有“男人般的”智慧，并极力推荐她的精神锻炼法。她的理由是：与其强健肌肉，不如提高智力。59 岁的她不能不让人佩服。然而，所有这一切仍不足以改变根深蒂固的男尊女卑思想。

有一则丰田汽车的广告说：“丰田皮克尼克［Picnic］家用

车就是多子女母亲的专用车，它为她们全家的17个成员提供了恰到好处的17个座位（原文如此，实际应为7座——译者注）。”女性上班族被普遍建议选择这款小货车一般的组合轿车，就是因为她们首先被视为生育机器。而且，一浪高过一浪的反流产运动也在时时提醒她们不要忘记自己的功能与义务。那一年，反对堕胎的“珍爱生命”大游说赢得了一场关键胜利：因为害怕商业制裁，德国HMR（Hoechst Marion Roussel）制药集团停止销售被称为“反家庭药丸”的RU486堕胎丸。堕胎一直被视为犯罪。与此同时，避孕药的命运也好不到哪去。自1967年12月29日被法国政府批准上市后，三十年的时间里销量一直不佳。女孩子们之所以很少问津，除了因为对这种药物缺乏了解，主要还是怕花钱——因为法国社会保险机构将其列为“保健药品”，报销比例从70%降到了40%。

有人发现，“女鞋的流行款式越来越出人意料，这也表明了女人的不可捉摸”。时尚从它的藏宝库里祭出了一件被遗忘多年的法宝：斯蒂莱图（Stiletto），法文的意思是短剑（Styley），时尚用语称之为针踵鞋，其实就是尖细的高跟鞋。1953年，意大利制鞋商萨尔瓦多·菲拉格慕发明了针踵鞋，在提升女人身高的同时也提升了她们对性感和物质的崇拜。有人评论道：“时髦的针踵鞋配上平庸的服装，组成了女性形象复杂的矛盾统一体。”类似的服饰就像皮内衣、吊袜带、皮鞭和手铐等性虐用具一样，立刻吸引了施虐狂与受虐狂的注意力。当然，它同时也引起了制造商们的极大兴趣，有了他们，这些工艺简单的小玩意何愁不泛滥成灾。还有人说："针踵鞋最符合妓女的形象……各种招贴画上经常可见穿着细高跟鞋的'婊子'，好像穿着这种鞋的女人都是千人骑、万人跨的泄欲对象。"针踵鞋取代了流行近二十年的平跟鞋和软底鞋，刹住了妇女奔向自由的步伐，把她们重新囚进了男人附属品的牢笼。高达 10 厘米的细跟令女人步履维艰，让人想起过去那些不堪回首的岁月。

回首往事有时也可让我们拯救一些濒临失传的好东西。一个业余研究女袜的法国人伊夫·里凯（Yves Riquet）买下了法国最后一家传统织袜厂（类似工厂只在英国和美国各剩一家），这家工厂还保留着收针式缝织法，可以手工织出透明的细尼龙丝女袜。受针踵鞋的勾引，女人们再次开始以卖弄风骚为荣，并重新发现了裘皮服装的奢华魅力。好在 1987 年兴起的动物保护风波已经渐渐平息。没关系，皮货商们辩解着，动物保护者的指责都是毫无根据的，我们所卖的皮货 80% 都来自畜牧场。就连当红的黑人模特纳奥米·坎贝尔也捐弃前嫌，弄了件貂皮大衣裹在身上。本已获得自由身的女人们从此"一觉回到解放前"。

本来觉得事不关己的男人们也没捞着好果子吃。一向以广告先锋著称的蔻凯又玩起了"一次性男人"运动，弄了一帮荡妇打扮的矮矬子当众现眼。新派男模们为了让人看出他们不是女的，特意自称为"男人帮"。而新派男歌手也是越"媚"越有人气，他们一个个牙齿洁白、肚子扁平、线条柔和，全身上下恨不得除了头发就不长毛了。他们虽然是男人，但却没有了男人的气概。这些半男半女半同性恋的二尾子们已经退化成了一指头就能戳破的相片，连来者不拒的蔻凯女郎都不会把他们放在眼里……

## 时尚的运动，运动的时尚

在这个被称为世纪末的时代，最大的影响还是休闲娱乐的社会化，它带给人们一种全新的生活方式：远程旅游、都市观光、为愉悦身心去做放松运动。

所有人都在谈论，媒体也在头版头条予以轰动性报道：美国人宣布将向市场投放一种真正意义上的减肥药丸——锐达克斯（Redux）。其疗效神奇到可以减去体重的30%，足以令渴望瘦身者欢欣鼓舞。然而，这种兴奋却被一些不和谐的声音冲淡了少许。法国减肥专家贝尔唐·盖里诺（Bertrand Guerineau）博士在1996年11月14日的《巴黎竞赛画报》上指出："锐达克斯不过是旧瓶装新酒，同样分子式的药物法国1985年就有了。这种药物在美国可能是新发现，在法国不是。"后来，因为这种药物有可能引起高血压而被停用。锐达克斯风波随即归于平息。这场风波的冲击力不亚于全球股市的剧烈震荡，而这场股市震荡恰恰是缺乏保护措施的远东富裕国家因受到金融大鳄攻击而频频爆发经济危机所导致的。

亚洲金融危机首先让世界奢侈品巨头们坐不住了，他们跳着脚地抱怨亚洲地区购买力的缺失。然后是重新整合、集中火力，拼命颁发销售许可，大力开展跨国营销。调整了策略，仍然战战兢兢、心有余悸，随时准备接受再一次失败。但由于每一次经济危机都势必会伴随一次经济复兴，世界各大都市在渡尽劫波后又重现繁荣。各大国际品牌一度黯淡的商标、广告再次以更大的规模集体闪亮登场。商店的面积也越开越大，从 800 平方米、1000 平方米、1500 平方米直至 3000 平方米……规模的扩张带来了商家梦寐以求的全球化效益，每家大牌企业都更加拼命地展示着巨大实力，你追我赶的销售场面蔚为壮观。自从大牌们先后把股份卖给股票市场后，它们就制定了国际化的长期发展战略，投入巨额资金，推广形象，扩大影响。

但是，在这个被称为世纪末的时代，最大的影响还是休闲娱乐的社会化，它带给人们一种全新的生活方式：远程旅游、都市观光、为愉悦身心去做放松运动。拜物主义渐渐失去了市场。“身体平衡了，健康便随之而来。”这是法国《世界报》1998 年 3 月 12 日专刊唱响的一曲“运动赞歌”。

人类社会学家兴奋地预言，未来的消费者将成为个人生活的主宰，工作时间与休息时间的界限将变得越来越模糊。新的通信手段将使人类获得更大的自由，休闲社会的出现将让大家轻松快乐每一天，而娱乐购物的兴起将带给消费者充分的花钱乐趣。服装行业于是开始设想一种更加与时俱进的穿衣时尚。各商家除努力开发运动装、户外装、健美装外，还致力于研发技术性和功能性面料，以组合出更轻松、更舒适的人体包装，从而适应新经济不断增长的活力。不甘在竞争中落伍的各大体育品牌也把更多精力投入到运动服装的研发上，同时突出体育特色，努力与流行时装形成区别。美国是世界上最大的体育服装市场，从事体育运动的妇女据统计不少于 4000 万人，有数据表明，最近十年又增加了 30%。就像冲出起跑线的短跑运动员一样，各大奢侈品牌唯恐落在别人后面，你追我赶地奔向体育场馆，更聪明的干脆直奔马路和广场，极力向运动爱好者推销新开发的各种体育服装。这些服装针对的主要是那些随意活动、做做样子的消费者，而不是从事竞技体育的专业运动员。

总是先人一步的缪西娅·普拉达更是推出了四季不同的系列服装，并再次体现了其一贯的简约手法。她甚至还推出了一款极其前卫的步行、运动两用鞋，这款做工精巧的布面鞋在鞋跟两侧各有一条标志性红线，紧追时尚前沿消费者的兴趣点，必令他们欲一买而后快。

运动装和时装就像两艘参加折返赛的帆船一样，借着时代的东风鼓足风帆往前奔。商人们可能没有意识到，已经涨满的消费潮汐随时会把时尚之船推进欲壑难填的雷雨区。北欧第二大商业巨头、瑞典公司 H&M（Hennes & Mauritz）一向擅长以龙卷风般的速度制造最新时尚，自它在巴黎登陆后，法国时尚界便开始狼烟四起。1998 年 2 月 25 日，位于巴黎利沃里（Rivoli）大街的第一家 H&M 商店隆重开业，立刻引起了一场实实在在的骚乱。每一个巴黎人都想去看看，这个在全世界拥有 2000 个加工商、每年卖出 2.5 亿件衣服的时尚猛兽到底是什么样子。“价格吗？没得说。款式吗？挺熟悉。”这是法国《快报》1997 年 8 月 14 日对这个牌子的评价。如今，H&M 已经在 14 个国家开设了 771 家商店，年营业额超过 50 亿欧元。真是不可思议！

# 时尚的大运动场

> 时装业、美容业与奢侈品业的最终目的就是要把我们牢牢控制在两难境地之中：一方面把我们的胃口吊得越来越高，另一方面推出的产品越来越可望而不可即。

1998年9月24日出版的法国大众消费周刊《LSA》提到了50岁家庭妇女的早亡问题，并援引了不同时代营销专家对这一问题的看法："家庭妇女们每天在同一时间收看同一频道的电视节目，去同样的商场买同样的商品。我们一直以为她们是同一类人，其实她们各有不同，对她们彼此之间的差别，我们需要赶紧着手研究。"不无歉意的口吻表明，市场营销并不总是有理。写过《第三类女性》的哲学家利波维斯基说："现在，家庭妇女的黄金年龄比我们的还短。"

女人对差异化时尚的追求最能表现她们的多样性，然而时尚却因为贸易与文化的全球化不得不走向统一。为适应这种全球化，铁里·慕格勒开始尝试打造一种完全数字化的虚拟模特，希望通过技术手段把所有女性的优缺点集于一身，让每个女人都能从这个虚拟模特身上找到自己的身影。

与此同时，奢侈品企业纷纷玩起了找朋友游戏（游戏规则：准备10把椅子，让10位小朋友围坐一圈，由第11位小朋友在音乐声中沿同一方向转圈跑，音乐停止时转到谁的位置，谁便站起来接替跑圈的孩子，前者坐下；如音乐停止时转圈者正好转到二人之间，没有找到接替者则被淘汰，下一轮再选一位小朋友转圈，同时减掉一把椅子——译者注），大力发掘社会上有才华却被埋没的贤达高人来替代公司内的平庸之辈。LVMH集团率先行动，采取果断措施吐故纳新，高薪延聘、招贤纳士。作风务实的美国设计师在法国时尚界的找朋友游戏中备受青睐：马克·雅各布（Marc Jacobs）进入路易·威登集团，成为该集团有史以来第一个男、女成衣总设计师；纳西索·罗德里格斯（Narciso Rodriguez）接掌了劳尔公司服装款式主持人的帅印；迈克·高仕（Michael Kors）则入主赛琳箱包公司。而从来不会安分守己的英国设计师也榜上有名：约翰·加利亚诺去了迪奥，亚历山大·马克·奎恩进了纪梵希。法国时尚界对这种崇洋媚外、有损尊严的犯罪行径深感不安、痛苦万状。毕业于卡尚高等师范学院（Ecole Normale Superieure de Cachan，1912年成立于巴黎，侧重技术教育——译者注）的纯种法国人让－保罗·高提耶据说一直倾心迪奥公司，但在世界级的奢侈品大佬贝尔纳·阿尔诺面前也不得不俯首称臣。其实贝氏对约翰·加利亚诺本无好感，之所以接受这个英国人，完全是手下人建议的结果。为兵敢谏、为将善纳方能百战百胜。喜欢乱说乱动的英国佬加利亚诺加入迪奥前一直在纪梵希公司，尽管他让公司的所有人都不得安宁，但公司上下却无不为其才华所叹服。精通用人之道的贝老板听到反映，再加上贝老板对几乎成为奥黛丽·赫本（Audrey Hepburn）私人设计师的纪梵希向来就不感冒，便赶紧把加利亚诺调到名气比纪梵希还大的迪奥任艺术总监，结果迪奥的营业额一下增长了三倍。

除了 LVMH，其他品牌也都感染了这股喜新厌旧之风，赌徒般地把宝全部押在重金请来的新人身上：爱马仕聘请了比利时的另类设计师马丁·马吉拉（Martin Margiela），葡萄牙的克里斯蒂娜·奥蒂斯（Christina Ortiz）接替了浪凡现任设计师奥希马·维索兰度（Ocimar Versolato），法国人斯特凡·罗兰（Stephane Rolland）顶掉了让－路易·雪莱（Jean-Louis Scherrer）公司的伯纳德·佩里斯（Bernard Perris），另一个法国人尼古拉·盖斯奇埃尔（Nicolas Guesquiere）应邀入主巴黎世家，新加坡设计师鄞昌涛（Andrew GN）接掌了皮埃尔·巴曼（Pierre Balmain）设计帅印，智利人奥克塔维奥·皮扎罗（Octavio Pizarro）令昏昏欲睡的杰奎斯·菲斯（Jacques Fath）公司雄风重振，英国女设计师斯特拉·麦卡特尼（Stella Mc Cartney）加盟蔻依（Chloe）公司，纽约设计师阿尔伯·艾尔巴茨（Albert Elbaz）则令姬·龙雪公司声名大噪……

这场人事变迁就像甲级足球俱乐部的球星转会，淋漓尽致地展示了大牌们为争夺巨大的时尚市场而进行的金钱与心理豪赌。对一家注重形象的企业来说，其外在表现并不只限于简单的社会认可，它还体现在产品用户的使用效果上。服装、饰品、护肤品、化妆品，所有这些东西都是为了让我们通过大把花钱来遮盖自身缺陷，让缺少魅力的身体最终充满魅力，让经过修整的形象可以坦然示众。有人一针见血地指出："除了真面目，我们每个人都有若干假面具，既能以伪装欺人，也可以假象自欺。"在逢场而做的施媚与渔色游戏中，伪装和假象可以获得更好的效果。有人总结道："既可以先予后取，又可以犹抱琵琶半遮面，还可以以假乱真、欲擒故纵、明修栈道、暗度陈仓。"后来，在时尚对男女间这种试探与勾引的极力渲染下，宣扬色情文学与色情艺术的黄书淫画开始泛滥成灾，平庸低俗的文字和下流不堪的画面令人作呕。

时装业、美容业与奢侈品业的最终目的就是要把我们牢牢控制在两难境地之中：一方面把我们的胃口吊得越来越高，另一方面推出的产品越来越可望而不可即。人体包装不断花样翻新，诱使消费者越来越在意别人的注视和仰慕。"不论贫富、不分老幼、不管男女，所有社会成员都受到了这种文化氛围的影响，因为这种文化无孔不入，具有极大的侵略性。之所以无人幸免，主要是因为人们在享用这种文化产品时获得了某种快感。但这快感来得太容易，因而也就显得肤浅。"这就是消费社会学家的观点。社会姑息了时尚的为非作歹，认为时尚可有可无、无关痛痒，"翻不起大浪头"，然而，很快人们就会发现，凡事都有例外。

## 高级文身与华丽摇滚

> 时尚开始转向艺术与音乐领域寻觅灵感，它以一贯的贪婪吞噬着一切有思想、有个性的新潮服饰，必欲将其同化并置于平庸而后快。

美国导演托德·海因斯（Todd Haynes）1998 年 12 月推出的新作《丝绒金矿》（*Velvet Goldmine*）轰动一时。影片对华丽摇滚的大肆渲染令女装设计师们如坐针毡，于是他们开始在设计中加入闪亮的金属片和绸缎面料，再配以数十厘米的高跟鞋和混着布条的假发，以引起公众对华丽摇滚的缅怀。而这一切配饰无不像大卫·鲍伊（David Bowie，英国华丽摇滚巨星、《丝绒金矿》主人公原型——译者注）的专辑《星尘陨落》一样，处处闪烁着性的暧昧与诱惑。“是该让华丽摇滚正式登上时尚舞台了。”让-保罗·高提耶嘴上为时尚摇滚呐喊助威的同时，手里的设计也不失时机地跟风而上。

时尚开始转向艺术与音乐领域寻觅灵感。1998 年 9 月 19 日，经法国文艺界掌门人雅克·朗首肯，巴黎举办了首场音乐狂欢节。电声乐队组合、车库摇滚、工业劲舞、迷幻摇滚、网上摇滚、街头说唱……所有后现代流行音乐悉数登场。年轻人在秘密举行的各种“疯狂派对”（Rave，一译“锐舞派对”，这种派对通常播放高分贝、强重音音乐，参与者有时大量吸食毒品、纵情声色——译者注）中结成各式各样的帮派与组合。在这种背景下，诞生了百衲衣般拼凑而成的街头服装，它融合了垃圾摇滚服、朋克摇滚服、军用迷彩服、冲浪运动服、社团服饰、同性恋服饰以及工作服等各种风格元素。所有街头服装一概肥肥大大、松松垮垮，杂乱地缀饰着各种运动标识，反正是怎么酷怎么来。“实际上，街头服装在其概念诞生之前就已经存在了”，澳大利亚设计师莎拉·索伦（Sara Thorn）解释道，“世界各地的年轻人都希望通过标新立异的穿着打扮来证明自己特立独行的人格和我行我素的价值观，这实际上是一种反时尚的潮流，是对时装设计的抵制。”需要补充说明的是，法国年轻人的反叛最终没有形成势力。1998 年 1 月 12 日的《纺织报》这样说道：“你们都喜欢‘靓装’，喜欢精美服饰，这些与法国的文化是相协调的。而反叛、另类的穿着在法国是没有市场的，因为别人立刻会发现你没有品位。”

时尚的力量实在不容低估，它以一贯的贪婪吞噬着一切有思想、有个性的新潮服饰，必欲将其同化并置于平庸而后快。为免遭主流时尚的涂炭，街头服装的发明者们不断推出各种“非时尚”的原创装束。而穷凶极恶的时装设计师、流行趋势设计师则像猎手一样，走遍世界各个角落去搜集新的时尚素材，有时甚至一直深入到最偏远、最荒僻的农村去“采风”，以便为下一季流行时装挖掘和盗抢构思的火花、设计的灵感以及新款式的组合元素。他们就是通过这些手段调制出了一款款“农家小菜”，捧到吃腻了都市时尚大餐的城里人面前，供他们尝鲜。

时尚的攻势咄咄逼人，在它的影响下，许多人开始在自己身上加注个性化标识，以有别于他人。加注标识的做法分为两种，一种体现在定期更换的服装、发型和化妆上，谓之“分体成型法”；另一种则是直接在身体上做出或稀或密的印记，谓之“自体成型法”。后者以文身和穿孔为主，主要实践者都是社会边缘人物、离经叛道之辈、受虐狂、朋克以及其他当代“原始主义者”。很快，文身和穿孔开始普及到社会各阶层并成为时髦。这种“自体成型法”被让－保罗·高提耶——又是他！——慧眼看中，他马上组织身上穿刺着各种饰物、纹刻着各种图案的模特们搞了一次列队表演，很快就把这种新时尚传给了小资群体。在对文身和穿孔的大肆渲染中，媒体有意抹杀了始作俑者的反叛和暴力色彩。最后，就连明星和富豪也迷上了这种时髦花样，他们纷纷像苦役犯和外籍军团士兵一样在身上刺上刺青、染上蓝墨水。无所不能的时尚又为人间创造了一种可以永远随身携带的装饰，每个人都可以用它来标榜自己的反叛精神。随着这种刺青的普及，正规的、业余的文身师都开始公开地或偷偷地在大街小巷开店摆摊。最胆大的文身爱好者甚至在胸部穿上银环，或在肚脐眼刺上钢针。一些年轻人希望以这种方式表示自己的成熟、独立，或追求社会的认可，其实他们的年龄还远没有发育到可以接受这种酷刑的地步。对最早实施这种野蛮文身的“先驱者”而言，引诱年轻人接受文身和穿刺不过就是“让各位有钱大爷随便花俩小钱玩玩”。显然，他们对这种令人不齿的奸商行径没有丝毫负疚感。而这些年轻人的思维方式则是：为了进一步显示自己的反叛，不与伪君子们同流合污，就要比别人更加标新立异，更加特立独行，因此，就要比别人忍受更多的痛苦，做出更尖端的文身。

网络朋克一族就是这样一群以激进手法实践身体艺术的人，他们就像圆桌骑士和北欧海盗般，出没神秘、战无不胜、凶狠异常，非常富于侵略性。我们发现，最激进的改变身体行为通常都发端于美国，诸如：用手术刀划开皮肤、用烙铁烙上印记、为刺入更粗的装饰而把身上的穿孔劐大、在皮下埋植钢珠或其他首饰以形成隆起……种种自残手法都是为了区别于芸芸众生，坚决不做庸俗时尚的牺牲品。

# “因为我当之无愧”

> 我们实际上生活在这样一个时代，我们的身体史无前例地成为一种投资象征，数十年来，它一直是我们表达个性的唯一载体。

在世纪之末的九十年代，人人都试图以身体做筹码，来找到自己在社会上和群体中的定位，因为人们害怕求索无度的科学家会像魔术师一样耍弄他们的基因，肆无忌惮地拿活人做医学试验，最后把活人变成非人。“我的身体只属于我自己”成为整体论者们信奉的真言。整体论学说使他们清醒地意识到，身体发肤皆为整体，他们最终将恪守自己的个体，把自己完全封闭起来。2000 年 7 月 11 日的《费加罗报》上有这样一句话：“我们实际上生活在这样一个时代，我们的身体史无前例地成为一种投资象征，数十年来，它一直是我们表达个性的唯一载体。”而这种个性表达的方式始终见仁见智，并且毫无意义。在一本名为《人类何去何从？》的书中，有人写道："追求解放是人类同命运抗争的一场伟大战斗，60 亿人无不为此亢奋不已。人类在这场战斗中各自为战，痛苦百般却孤立无助，虽然个性急剧膨胀，但整体却渐趋式微。"

为了给人类身体注入更多资本，继续张扬其已经过度膨胀的价值，护肤品制造商们不再满足于在皮肤上做表面文章，他们开始推销一种在人的机体内产生作用的活性乳酸菌，就像酸奶发酵剂一样。世界上 90% 的人对自己的身体不满意，急于摆脱丑陋身体带来的精神困扰，商家们正是利用消费者的这种心理，推动美容品市场急剧扩张，并最终使全球营业额超过了 4000 亿法郎！在经过专业人士悉心打扮和精心雕饰的电影明星和顶尖模特面前，受到严重误导的普通老百姓还怎么能对自己的身体满意呢？除香水、化妆品、卫生用品和护发用品外，仅美容护肤品的市场就达到了 1000 亿法郎。人类每年为防止皮肤老化、追求青春靓丽而用于表面清洁、深层护理的油、膏、乳、霜的消费量已达数百万升。尽管电视报纸不遗余力地宣传美容手术的种种好处，但美容外科医学的推广效果依然差强人意（当然纵向比较还是大有进步的），年销售额只有 80 亿法郎。

位居全球美容业首强的欧莱雅集团深刻分析了消费大众的心理，决定将其对身体的不满转化为强烈的自我意识。它以一句振聋发聩的口号唤起了他们的自信："因为我当之无愧。"作为尖端美容科技的代言人，欧莱雅聘请了众多明星模特，她们将带领全体女性发动一场女权主义的新十字军东征（与此同时，欧莱雅当然也没有忘记男性消费者），以百倍的信心正视自身魅力，运用一切可能的手段参与到女性自我完善的进程当中，捍卫作为女性唯一财富的美丽容颜。这就是全新的欧莱雅美丽新概念。

做裙子跟搞政治本来是完全不同的两码事，但伊朗裔塞浦路斯设计师侯塞因・卡拉扬（Hussein Chalayan）在伦敦组织了一场极具象征意义的阿拉伯黑袍表演，引起了社会各界的广泛争议。这场表演将长久地留在人们的记忆里，它带给全体伊斯兰女性的影响也将是深远的，它甚至可能成为向西方世界发出的一个强烈信号——西方人一向以单一时尚统治全球、抹杀种族个性。地球人有一半是女性，她们怎么可能全都像欧美模特一样苗条美丽、皮肤白皙呢？1974 年，贝弗莉・约翰逊（Beverly Johnson）有幸成为美国时尚杂志《Vogue》有史以来第一个黑人封面女郎，而在此之前，《Vogue》一直是白人贵族的经典杂志。

皮尔・卡丹和伊夫・圣洛朗等设计界泰斗也开始在其作品发布会上使用黑人和亚洲模特，他们这样做看似受审美观念影响，其实是为了展示不同人种的特殊性。而伊曼（Iman）、纳奥米・坎贝尔或艾莉克・万克（Alek Wek）这样的黑人名模，实际上起到了丰富时尚形象与色彩的作用。可是，另一方面，有多少黑人姑娘为消除黑色素还在不顾危险地使用着类似次氯酸钠漂白水或皮质激素这样的化学品，又有多少日本姑娘为跻身白人阶层还在奋不顾身地尝试着各种增白治疗术啊！许多有识之士曾经明确指出："任何美容理念，不管通过什么渠道推广，都隶属某种文化范畴，不管做多少与众不同的广告都改变不了其本质：追求完美的外表。"而完美外表对许多女性来说不外乎白皙的皮肤。所有化妆品、美容品甚至香水广告都是由年轻的白人美女演绎的——当然，专门推广古铜肤色的广告除外。"具有异国情调的肤色"在上流社会绝少有人问津，他们认为这种肤色"风险太大"。而在专业营销人士看来，西方白种女性是不可能与非洲黑人模特产生共鸣的。

出于让服装设计更符合人种多元性的考虑，西方时尚界在非洲国家尼日尔北部的泰内雷（Tenere）沙漠组织了第一届非洲时装节。事后，节日的火炬虽然熄灭，但群众的热情余温不减。白人们赌咒发誓还会再搞第二届、第三届，无奈非洲太缺乏专业时尚氛围（特别是缺钱）。非洲的本土设计师虽然情绪激昂却总是心有旁骛、不够专一，他们的设计风格一方面过于强调非洲情调，另一方面又生吞活剥地掺杂了许多欧洲元素。其实，真正的时尚专业人士还是喜欢纯粹的北欧风尚，偏安一隅的北欧设计师以其特有的才华让人真切地感到了什么是"距离产生美"。而比利时和荷兰设计师自九十年代初推出的组合时装虽简单朴素，却过于严谨，缺乏生气，总让人不禁想起八十年代日本设计师清一色的灰黑色调。比、荷一派的佼佼者马丁·马吉拉、德赖斯·范诺顿（Dries Van Noten）、安·迪穆拉米斯特（Ann Demeulemeester）、拉夫·西蒙斯（Raf Simons）、约瑟夫斯·梅奇奥·提米斯特（Josephus Melchior Thimister）、维克托+罗尔夫组合（Victor and Rolf）等人为时尚界带来了新的审美标准，严重冲击了后现代主义空洞虚幻的设计风格。他们要以自己的艺术感觉与独立思考改变现行的时尚法则，打破服装服饰对身体的禁锢，摒弃广告营销给大众带来的压力。说穿了，他们要推出的时尚其实就是简单自然、功能实用。“对我们来说，衣服当然比女人更重要。但我们没有女人的感觉，最终怎么穿是她们的事。”维克托+罗尔夫组合在1998年12月的法文版《Vogue》上表明了自己的态度：“对我们来说，高级时装是时尚的最高形式。我们梦寐以求的是五十年代对服装功能孜孜以求的那种时尚。”然而，我们怎么能没完没了地重复已经行将就木的贵族时尚呢？我们又怎么能一而再、再而三地无视当今消费者对服装的真切需求呢？新一代高级定制兼流行趋势设计师们喋喋不休、不着边际的自说自话，只能显出他们的无能、袭古和盲目自大。

“我的志向不是制造轰动，我也不追求‘衣不惊人死不休’，我只是想为广大妇女送上几件她们真正需要的、实实在在的衣服。”这是伊夫·圣洛朗在1998年1月22日《新观察家》杂志上送给年轻设计师们的肺腑之言。同年7月12日，在法国世界杯足球赛期间，他在法兰西体育场的绿草坪上举行了从业四十周年纪念展示会，300多名不同肤色的模特身着其经典作品的复制品，列队演绎了最代表他写实风格和设计魅力的150套高级时装。

## “挂新闻卖商品”的杂志

据法国塞科迪普（Secodip）消费研究中心的数据显示，在1999年出版的350种女性杂志中，一共出现了21万页广告，其中只有64000页与时尚有关。

作为传播喉舌和信息媒介，时尚杂志始终介于两种代理角色之间：发布时尚品牌信息，兼做客户产品广告。品牌信息和产品广告为了争抢版面，把“价高者得”的原则发挥得淋漓尽致。举例为证：1998年9月出版的美国版《Vogue》的文字只有214页，而广告则有464页，用纸量超过1.5公斤！就连非时尚类的综合周刊和日报也因为禁不住巨额广告利润的诱惑，不惜频繁增加页码，为奢侈品巨擘们连发彩印专刊。新闻界的行话把广告客户戏称为“广告管子”，颇具讽刺意味的是，记者和编辑们正是通过“广告管子”滋滋润润地虹吸着商业企业的油水。不管多么正直的记者，不管他面对的是什么样的品牌，当这个品牌对杂志社或报社意味着巨额广告收入时，他笔下的评论和报道有多少公正性就可想而知了。不难想象，如果没有总编室“一切以广告客户利益为重”的公开压力，所有记者都会遵循文责自负的铁律，然而，大大小小的编辑们都向往着成为新闻界一言九鼎的大人物，对待记者的态度自然就成了顺我者昌、逆我者亡。

“你做了不少‘节目’啊。”这里的节目是行内对图片广告的戏称。这是以文字广告见长的《OFR》杂志采访法国奢侈品时尚小册《K公民》（*Citizen K*）编辑卡波夫（Kappauf）时的提问。后者答道：“杂志就是商品。所有的广告都是经过系统策划的，广告宣传自有其按部就班的规矩，而杂志的作用就是展示产品，以可视语言把品牌介绍给读者。这没什么可奇怪的。”多才多艺的编辑小姐和东跑西颠的摄影师先生各显神通，分别以文字广告和图片广告精心打造着越来越像商品样本的杂志。作为深谙此道的业内高手，他们为广告客户干活的价码十分可观：最没有名气的摄影师日薪为3万美元，而像史蒂文·梅塞尔（Steven Meisel，美国著名时装摄影师——译者注）这样的顶尖高手更可高达10万美元。而文字编辑与广告客户之间的默契更是名堂多多。时装与奢侈品杂志被美国人称作“咖啡桌上的读物”，在内行人手中，它们则成为最好的商品媒介，至少专业人士是把它们当成工具书来看的。而对发布广告的商家来说，购买版面的数量可以成为其活跃程度和专业实力的绝好佐证。广告投资的回报不在于卖出多少只手包或多少升香水，而在于占领更多空间来展示企业实力、提升品牌形象，这也正是把广告做得铺天盖地的LVMH集团和古驰集团的醉翁之意。今天的古驰集团旗下已拥有巴黎世家时装、宝诗龙（Boucheron）手表、宝缇嘉（Bottega Venta）时装、亚历山大·马克·奎恩时装、塞乔·罗西（Sergio Rossi）服饰、斯特拉·麦卡特尼运动装、罗杰 & 卡莱特（Roger & Callet）时装以及伊夫·圣洛朗时装服饰等众多名牌，年营业额达到25亿欧元。仅LVMH和古驰这两个集团在国际奢侈品市场的占有率就超过了15%，我们可以想见其在各条新闻战线上的广告之多、范围之广。我们还可以想象它们青蛙一般自我膨胀的迫切心理——十七世纪法国古典主义作家拉·封丹（La Fontaine）曾著有一则寓言：《青蛙想长得像牛一样大》。

女性杂志则完全是另外一个路数。时装与美容品充分体现着商业广告的强大冲击力，并始终是刺激消费、滋养杂志社的核心内容，这类杂志以包罗万象的内容成为女性的消费同谋和闺中密友，在她们大把花钱的同时，也成为广告商家们心中的最爱！据法国塞科迪普（Secodip）消费研究中心的数据显示，在1999年出版的350种女性杂志中，一共出现了21万页广告，其中只有64000页与时尚有关。大概只有《Elle》表现最好，不愧为真正意义上的女性与时尚杂志。它很好地把握了正经文章与广告之间的平衡关系，以适当的篇幅和老实的作风展示了一本专业杂志应有的严肃性。这本每周一版的时尚杂志具有极强的可读性，它不欢迎摄影师在照片中掺杂主观因素，力戒主题含混的艺术照，主张底片不经加工，以保持原汁原味。它对时尚的评论公正客观，既不做蓄意褒贬，也没有枯燥说教，而是让读者自己去观察、思考、判断、取舍。霸道的时尚大牌们为保持企业形象的统一性，一贯对包括杂志在内的所有媒体横加干预。对此，《Elle》尽可能地不予理睬。最爱到处指手画脚的大牌企业就是古驰，特别是它的艺术总监汤姆·福特（Tom Ford），还有集团的摄影师马里奥·特斯蒂诺（Mario Testino）和服装设计师卡琳·洛菲德（Carine Roitfeld）。这三驾马车打着艺术的旗号，不遗余力地把全球奢侈品行业带进了纵情声色犬马的享乐主义氛围。在他们的再三努力下，享乐主义的祸水逐渐侵入新闻界和广告业。一个是时尚创作师，一个是时装摄影师，一个是时装设计师，三人共同受雇于古驰门下，搞不清他们与古驰公司这四者之间究竟是谁在吸血、谁在放血。他们随便拍一下脑门就能决定流行趋势的发展方向，敲定当今时代的风格基调，主导商业广告的基本内容，控制时尚杂志的版面乃至灵魂。

就这样，所谓“情色雅趣”（Porno Chic）的浪潮开始横扫千军、四处泛滥。姑且不去考虑保守的“清教徒们”的不满情绪，回顾一下这场情色风波的来龙去脉，我们就不难找到这三驾马车如此猖獗的真正原因：商家们一直殚精竭虑地揣摩着社会道德的禁止底线、限制标准、宽容范围和开放程度，总是试图突破一切禁忌，变不可能为可能。有人对此揶揄道：“色情文化会通过各种交流渠道成功攻入某个‘公关’公司或某个生产公司的软件系统。公司嘛，就得敢于交流、善于交流。公司其实不是别的，它本身就是一个交流场。”

在这个以支配消费者身体为时尚的时代，以性为主题似乎不易引起反感，不仅大有文章可做，而且可以广为“交流”。而时尚恰恰就是十分重要的性交流媒介，也是导致消费个体不断趋向色情化的催化剂。令人遗憾的是，这些领导时尚新潮流的大牌公司、大设计师过于缺乏想象力，他们一而再、再而三地重复着过去那种老掉牙的男尊女卑色情模式，令人感到乏味透顶。这种缺乏长远眼光的色情主义充其量也只能用些夸张的淫荡图片去冲击人们的视觉，而其中最有味也最隐晦的，就是古驰集团的一则图像广告：画面上，一个无头男人光着上身，只穿一条裤子，裤裆处赫然有一挺直形状的鼓包，脚下匍匐着一个有如祭祀牺牲品般的女人，张着嘴、裸着肩，衣服勉强遮住双乳——男人不可一世、女人驯顺臣服。如此壮丽的画面简直就是“男为女纲”的一道神符。

# “柔媚的地中海式女郎”

时尚的无形之手操纵着每一个流行趋势的兴衰，而“美丽的弱势性别”只能选择与独断专行的时尚步调一致……

要想更新一种流行趋势，最有效的办法就是让它赶紧过时。依此原则，时尚业者人为制造了许多流行趋势的断层，目的就是刺激新产品的消费。对至简主义的片面理解导致了苍白肤色和干瘦体形的流行，把活生生的女人变成了游荡的幽灵。为了尽快更新这种时尚，还是在时尚界的引领下，女性们开始渴望拥有更多的活力，对体弱多病的恐惧取代了对白色皮肤的向往。1999 年 7 月 4 日的法国《星期天日报》（*Le Journal du Dimanche*）这样写道：“一年来，古铜肤色的模特开始大量出现在广告和时尚杂志中。晒黑皮肤重新成为时尚界的卖点。”

瑞典零售巨头 H&M 向消费者展示了一个全身涂满橄榄油、肤色黑亮的“地中海式柔媚女郎”，通过大力推广海水浴，率先启动了旨在恢复健康的新时尚。一时间，各类时尚摄影中的模特女郎无不皮肤闪亮、光可鉴人，其塑料般光鲜的肉色已经可以赶上巴黎格雷万蜡像馆里的蜡像了，就连一向爱用素面朝天的干瘦模特的卡尔文·克莱因也开始推出了肤色金光闪亮、丰满如唐朝美人般的形象代言人。随着新时尚的兴起，减肥节食终告寿终正寝——历史将会记下这一难得的转变。广大女性开始向更具动物性的自然魅力回归，欣欣然陶醉于情色雅趣的新风尚。“诱惑姿态”（Glamour Attitude）以圆润的腰身一扫劳拉·克劳馥式的冷艳隔世。崇尚人体美的罗马天主教文化驱走了主张禁欲的北欧新教文化，意大利文艺复兴时期的肉感崇拜让女性彻底转向了对自然美的追求。古老的欧洲大陆上，南风再一次压倒了北风。

“法国人民渴望真实。”这是法国糖业联合会的一句广告语。同食糖一样，橄榄、葡萄籽、谷物、蜂蜜、牛奶无一不是由人类鼻祖亚当、夏娃从上帝的伊甸园带到人间的真实食物。这些真实的健康食品就像当年的美容品一样开始进入消费者视野，他们希望通过食疗来获得健康。造物主恩赐的天然食品既美味又有营养，在让女人大快朵颐的同时，也让她们滋润了身体，吃出了水果般鲜嫩的皮肤。

喜欢异想天开、对艳丽色彩及巴洛克风格（Baroque，十七世纪初流行于欧洲的一种强调豪华雕琢和浮夸装饰的艺术与建筑风格，将建筑、绘画、雕塑结合成一个整体，以追求动态起伏，营造虚幻建筑形式——译者注）情有独钟的人早已把至简主义贬得一钱不值。有人把至简主义比作新浪漫主义，甚至讥为女性老年化运动。他们认为至简主义所推广的统一性把女性彻底淹没在了一片昏黑灰暗的色调之中。

时尚的无形之手操纵着每一个流行趋势的兴衰，而“美丽的弱势性别”只能选择与独断专行的时尚步调一致：这一季全体都得干瘦白皙，下一季大家必须丰满鲜艳。可怜的女人就这样在流行与过时的轮回中彻底迷失了自己。

为了更好地打扮这些新的女性，在 2000 年的新平台上实现时尚的软着陆，高级定制设计师、流行趋势设计师、服装设计师和高级成衣设计师纷纷推出色彩艳丽、风格活泼的新作品。充沛的创意资源和高超的设计能力一向是法国的骄傲。但法国人后来发现，源源不断推向市场的大牌仿真奢侈品首饰已经泛滥过度，沦落为俯拾皆是的普通商品，时过境迁的奢侈品大牌也变成了无人喝彩的大众品牌。话说回来，到什么时候都有喜新厌旧、吃饱了就骂厨子的人。当然，奢侈品的贬值除“得益”于强大的设计能力外，推销员的努力也“功不可没”。据 1999 年 3 月 8 日的《纺织报》透露：“这些大牌公司的老板安插在销售部门里的都是些专业的‘宝洁分子’（对宝洁公司推销员的统称，此处戏指专业推销员——译者注），还有来自洗涤剂大企业的高级销售经理。”手包、香水、太阳镜属于奢侈品，而洗衣粉则是日用消费品，两者不可同日而语。或许老板们终有一天会同意这样的说法，因为他们追求的毕竟是提升品牌形象和为股东创造价值，而不是论箱论捆地大量兜售产品。可惜奢侈品企业却错误地借用了在洗衣粉市场上百试不爽的推销方法：将所有溢美之词堆砌到某一产品头上，以万炮齐发的广告阵势将其推向市场。这个法子虽然一时行得通，但时间一长，毛病就出来了。

时尚学会了尊重消费者的嗜色情结——也许只是一时心血来潮，它决心重新赋予女人以活力——尽管只是相对而言。依靠日益先进的工艺，内衣制造商们把女式内衣变成了看不见的第二层皮肤。如今的内衣都是用几乎完全透明的微纤维丝压制成型的无缝内衣，用专业评论家的话形容，就是“不留踪影、不着痕迹”。为了达到以假乱真的养眼效果，商家们用产于北非的散沫花制成染料，在仿真“皮肤”（内衣）上“纹”（染）上柏柏尔（Berbere，源自北非的原始部族——译者注）风格的原始图案，再星星点点地“刺”（缀）上一些超酷首饰。“皮肤”上的图案毕竟是画上去的，因此“活性”内衣上的染料色牢度就成了一个不容忽视的问题，因为生性好动的现代女性经常会骑着自行车四处溜达，有时甚至还滑着旱冰鞋。

被时尚激发起无限活力的法国人掀起了一场史无前例的滑旱冰运动。法国总计有 200 万旱冰爱好者，仅 1998 年就卖出了 150 万双旱冰鞋。每到周末，巴黎塞纳河边的蓬皮杜快道上，数万男女老幼滑轮滚滚，像另一条河流似的或疾或徐地流淌向前，场面蔚为壮观。更有激进者聚众组织长途夜滑，最猛的一次，3 万夜滑人一齐出现在城市的街道上，好似攻城略地的夜袭队。此情此景确也无可非议，饱受时尚禁锢的人们只是想享受一下无拘无束自由行动的乐趣。荷兰人则更喜欢在指定道路上骑自行车锻炼或代步，因为自行车既不像汽车那样污染环境，又可以“安车当步”地尽情兜风，只是苦于道路限制，不能像轮滑那样随心所欲。“次轻量级运动”，这是 1999 年 2 月 27 日的《世界报》在分析各项骑行运动（马术、摩托车、自行车等）时对自行车运动的定位。时尚以紧身尼龙衣和遍布全身的口袋满足了人类的运动欲望。脚下安着滑轮、兜里塞满东西的时髦男女就这样被变成了会喘气的轮式旅行箱。

## 玛丽安娜：法兰西共和国的形象广告

> 玛丽安娜是法兰西共和国的尊贵象征，人们认为她的雕像原型就应该出自普通百姓，而不是像现在从满世界展示胴体诱惑的商业美女中产生……

1999年盛夏，美国历史再次记载了肯尼迪家族的噩运。小约翰·肯尼迪（John-John，美国遇刺总统约翰·肯尼迪之子——译者注）与其妻卡罗琳·贝塞特（Carolyn Bessette，时尚界名人，曾任卡尔文·克莱因品牌公关女郎——译者注）自驾飞机坠海失事，双双殉命。美国新闻及世界媒体一直对这对幸福美满、令人羡慕的金童玉女关注有加。他们一个是出身名门望族的美国小王子，一个是金发碧眼、苗条秀丽，被《时代周刊》誉为“天下第一美人”的时尚美女和报刊明星。两人的婚礼是在一个木制小教堂里秘密举行的，在唯一流入媒体的照片上，两人面带微笑、恩爱甜蜜，新婚礼服时尚高雅，颇具美国风格：新郎身着深蓝色西服套装，新娘则是一身雪白的紧身长裙。

由庸俗时尚推动的“嬉皮雅趣”（Hippy Chic）已渐行渐远，自诩为布尔乔亚与波希米亚集合体的“布波”一族（Bobo，即英文 bourgeois［资产阶级］与 bohemian［波希米亚人］的词根连读，寓意为拥有波希米亚式自主品位的小资阶层——译者注）正如日中天。习惯于通过反光镜向后观望的时尚动辄便到历史的故纸堆里去翻拣灵感。在八十年代的平庸低俗中，兑上七十年代的异国情调，再经九十年代的至简主义过滤，时尚便散发出典雅、清新、怡人的香气，飘飘然吹向二十一世纪。关键是不能让小资们被各类服装样本上源自第三世界垃圾箱的杂烩风格吓着。

但高田贤三对这种拼凑风格却不以为忤，这位风格务实、用色艳丽的服装设计师最擅长取材民俗。在职业生涯届满三十周年之际，其雇主 LVMH 集团为他举办了盛大的回顾展示会，以纪念他的收山隐退。所有受邀嘉宾无不为现场气氛所感染，依依惜别的泪滴情不自禁地落进了手中的香槟杯。而就在三个月前，当巴黎时装公会成员帕高·拉巴纳（Paco Rabanne）醒悟到高级时装末日来临、宣布退出高级时装设计舞台时，圈里却没有任何人洒下惜别的眼泪，只有人走茶凉的漠然。只剩下 16 个成员的巴黎时装公会被一个个毫不买账、说走就走的设计师们折腾得焦头烂额、心力交瘁。它对设计师的干预与制约已经引起了他们越来越强烈的反感。对时装公会敌意日深的 LVMH 总经理伊夫·卡斯利（Yves Carcelle）愤然道：“他们简直是乱弹琴！……你要么就只能做高级时装，要么就什么也不能做！”成衣时尚不再被当作儿戏，奢侈品也已经发展成规模庞大的产业，那么，高级时装又该算个什么玩意呢？

肯尼迪家族确实无处不在。在1999年11月举行的一场玛丽莲·梦露生前用品拍卖会上，他们又一次被媒体暴露在世人面前。1962年，为了庆祝肯尼迪总统的生日，梦露曾在麦迪逊广场公园以其圆润、性感的嗓音演唱了一曲《祝总统先生生日快乐》，她那迷人惹火的身体随着歌声轻轻摇曳，令众多影迷如痴如狂。她那天穿的那件白色小裙出自美国电影服装设计师威廉·特拉维拉（William Travilla）之手。在30多年后的拍卖会上，这件著名白裙被一位梦露迷以100万美元的高价买走。

自从性欲旺盛的美国大兵把一丝不挂的美女图片钉到卧室墙上以来，类似的惹火招贴画便以一种固定模式出现在更多的私密乃至公开场合，画面上的美女大都像一个模子刻出来的：双唇丰满性感、双乳硕大坚挺、腰身蜿蜒圆润、大腿匀称修长。人类以赤裸裸的色欲迎来了性诱惑的黄金时代，过去那些绿豆角般包裹严密、含蓄委婉的明星女性已经在人们的记忆中退居二线，新一代奔放女星将在很长时期内占据时尚舞台的中心，以露骨的风骚激起男人的性欲，并让女人在向往与反感中矛盾不已：琼·克劳馥（Joan Crawford）、多萝西·马龙（Dorothy Malone）、玛丽莲·梦露、碧姬·芭铎、乌苏拉·安德斯（Ursula Andress）、索菲亚·罗兰（Sophia Loren）、安妮塔·艾克伯格（Anita Ekberg）、吉娜·劳洛勃丽吉达（Gina Lollobrigida）、杰莉·霍尔（Jerry Hall）、克劳迪娅·希弗、帕米拉·安德森（Pamela Anderson）、劳拉·克劳馥、蕾蒂西亚·卡斯塔（Laetitia Casta）……最后这位还曾因美貌出众当选为2000年的玛丽安娜形象大使，她丰满的半身雕像作为法兰西共和国的象征被摆放在法国各地的市政厅广场上。"太过分了！"市政官们微词频频，没有几个人对这位一不小心就成了国家代表的轻浮女性抱有好感。对媒体来说，一年一度的玛丽安娜评选活动已经成为流于形式的应景之举，对地方政府而言，这种活动更是没有任何实际意义的走过场。更令他们反感的是，地方上每年还必须拿出财政经费对雕像进行维护。史学家们也对这种走了样的形式主义感到索然无趣。在他们看来，既然是法兰西共和国的尊贵象征，玛丽安娜的雕像原型就应该出自普通百姓，而不是从满世界展示胴体诱惑的商业美女中产生。重标不重本的法国社会已经让这一颇具历史意义的神圣典礼失去了原有价值。

在罗马天主教的人体崇拜主导下，各种露骨的性爱游戏充斥荧屏，每个人都可以从中欣赏到适合自己的庸俗内容，并期待着为随时可能出现的艳遇跃跃欲试。我们能否设想，有一天，玛丽安娜的雕像能够变成某个无名氏灰姑娘清纯脱俗的形象？也许，那一天就是拜星主义的末日，模特明星将让位于无名少女，英雄好汉将让位于平民百姓。到那时，大街小巷的报亭书摊上，您可能就再也不会见到像《超级模特》（Top Model，《Elle》杂志的城市时装副刊——译者注）这样庸俗的精英杂志了。

# 麻木不仁、颓废放纵、追求刺激的新新人类

生活在新时代就要扮酷、装酷、摆酷。酷，是凸现在社会上的一种潮流，社会对它的反应则是见怪不怪、临“酷”不乱。

为了让不同时期、不同风格的流行趋势变得更加泾渭分明，增加它们的断层感，喜新厌旧的时尚专家们开始满世界地寻找和发现新潮流，并伙同社会学家对这些潮流逐一进行定性分类。在埋葬了曾经风靡一时的“雅皮士运动”后，他们又催生了“农皮士”（Nuppiy: Non-Urban Professional People，即游历乡野、远离城市、敌视城市文明的专业人士；另一说为 Nineties Urban Professionals，即注重内心世界、轻视物欲、四海为家的二十世纪九十年代雅皮士。——译者注）和“游牧网络工作者”（Nomadic Networkers，指居无定所或无固定工作地点的上网一族——译者注）。“农皮士”虽然像当年的“雅皮士”一样年轻、富有、充满活力、终日在网上冲浪，但他们绝对不同于“雅

皮士”。用法国《交流与商务新闻》（*CB News*）的话说：“‘农皮士’们不愿意做职业的奴隶，他们宁愿自由自在地同时做几个‘项目’。虽然这种生活方式也会让他们衣食无忧甚至收入颇丰，但这些‘新新人类’绝对不是‘雅皮士’式的拜金主义者。”更有甚者，他们自创了一种服饰，使自己在混迹芸芸大众的同时又能与众不同，他们的服装永远都是时髦品牌：普拉达、耐克、阿迪达斯、乐斯菲斯（The North Face，美国登山服品牌——译者注）、卡特彼勒（Caterpillar，美国机械公司工装品牌——译者注）、海尔姆特·朗（Helmut Lang，奥地利时装品牌——译者注）、DKNY（美国休闲装品牌——译者注）、魅影（Ghost，英国时装品牌——译者注）等，而且一定要配上几件货真价实的军用品。作为引领风骚的弄潮儿和时尚潮流的牺牲品，“农皮士”运动裹挟着数百万披挂着新式武装的“角斗士”一齐奔向第三个千年。

人类波澜不惊地跨越了新世纪、新千年，既无大悲，亦无大喜。只有轰动一时的世界一体化令人类着实兴奋了一阵。

生活在新时代就要扮酷、装酷、摆酷。酷，是凸现在社会上的一种潮流，社会对它的反应则是见怪不怪、临“酷”不乱。汩汩流淌的时尚历史到了二十世纪九十年代出现了断层：社会开始以群分人，特别是在由富国组成的西方世界，出现了“新新青年”“新新女性”，甚至“新新人类”。

“新新人类”，尤其是“新新女性”面临着一大抉择：要么喝酒获得健康，要么不喝酒任自己老去。美容业突然发现了葡萄酒的保健功能，声称从葡萄籽中提取的多酚具有很强的抗氧化作用。于是，先有丽蕾克（Lierac）、娇兰，后有兰蔻（Lancome）、伊丽莎白·雅顿，各大美容商纷纷推出含有多酚的美容药物，尽管其化学结构式非常简单，但仍有十分迷人的诱惑力。就像贴在脸上的黄瓜片可以让皮肤更加光洁，葡萄汁也可以除去岁月留在脸上的痕迹。人类以充分的想象力创造了“活性物质”这个词组，或直接或间接地涵盖了一切具有神奇功效的好东西。奥妙无穷的大自然虽然饱受人类的蹂躏与摧残，却仍以极大的宽容和慷慨供养着人类，为占人类半数的女性保全着它所赐予的青春和美貌。

“男女永远不可能平等，即使把女人都变成老爷们儿也没有用。”来自法国共产党的青年及体育部长、女强人玛丽－乔治·巴菲特（Marie-George Buffet）如是说。但男女平等永远是一个争论不休的话题，特别是在女人之间。女权主义者似乎从一开始就不希望落入表面平等的陷阱。许多受过高等教育的妇女都无法接受法律意义上的男女平等，认为在社会上或企业中，这种所谓的平等还不如不平等，它会让妇女处于更加不利的境地。一位女性学者指出：“女性的权利源自人权纲领对于女性的合理适用，如通行权、知情权，以及法律上、经济上和政治上的自主权。”由来已久的女权之争只想强调一点：“人类的一半是女性，民主社会在赋予公民自主权的同时也为女性提供了一次历史机遇。”尽管有人为男女平等设置了重重障碍，并极尽冷嘲热讽之能事，但男女平等的进程依然缓慢而艰难地向前推进着。

时尚从不为赶不上时代快车而发愁，它以花样百出的新趋势，带领广大妇女踌躇满志地迈向新世纪。从来不甘寂寞的内衣行业借用汽车安全气囊和车轮内胎的充气技术，使用轻柔细腻的面料，发明了充气的放大型乳罩。这东西的主要作用就是让那些过于瘦小、过于平板的胸部显得更丰满、更养眼，只是不知道到底养了谁的眼。此前，内衣商们主要是通过在乳罩衬垫里注油或注水来达到“放大”乳房的目的，直到法国波莱萝（Bolero）内衣公司在美国人发明的充气乳罩基础上推出了性能更加可靠的改进型产品。随后，胸部塑型先驱、曾推出著名的“神奇乳罩”（Wonderbra）的英国哥萨德（Gossard）内衣公司在法国改进型的基础上，又推出了更先进的“气情”（Airotic，英、法文中，Air 意为空气，Erotic 意为色情，此处的 airotic 发音与“色情”几乎相同。——译者注）乳罩，它有一个隐秘的小装置，能分别调节左右两个罩杯的充气量，可以适合各种大小的乳房。

在女性依靠科技手段不断改善身材曲线的同时，男人们为了显得更加孔武有力、更有雄性魅力，也开始拼命苦练健美，增强上肢和胸部的肌肉，练掉腰部的赘肉，特别是把过于前凸的肚子练下去。“没有比赶时髦的男人更糟糕的了，”爱马仕男装公司负责人维罗尼克·妮莎尼安（Veronique Nichanian）说道，“他们让人缺少真实感。”

其实，每个人都在努力信奉真实，然而，人类为了让自己的身体显得更真实，却用尽了不真实的人工手段。

# 维生素男人和化学女人

男人们变得松懈、邋遢，不再是一副大权在握、高高在上的嘴脸；女人们则越来越依赖各类抗皱防晒的美容护肤品，她们把大量化学物质抹到脸上、身上……

在人靠衣裳马靠鞍的现代文明社会，人人都希望以一副完美的外表来掩饰自己的脆弱和恐惧。当今世界，阴盛阳衰日益明显，极端个人主义甚嚣尘上，男人们早就失去了应有的霸气。如前所述，体育比赛成了男人表现征服欲、显示男子气的主要场合。法国国家科学研究中心研究员阿兰·艾伦伯格（Alain Ehrenberg）说过：曾一直被认为四肢发达、头脑简单的体育冠军，如今却成了社会精英的象征。同为自行车比赛世界冠军，二十世纪六十年代法国最伟大的自行车运动员雷蒙德·普利德尔（Raymond Poulidor）只是一个体育名人，而八十年代美国最伟大的自行车运动员格雷格·莱蒙（Greg Lemond）却成了无所不通的全能明星。

为了确保登上体育比赛的最高领奖台，为了拥有更强大的比赛实力，为了战胜内心深处的紧张和恐惧，许多运动员开始服用兴奋剂，妄图借助化学手段增强体力。“氟苯氧苯胺，或者叫美沙酮，系用于行为治疗；硅酮则用于完善身体；PMA（医疗辅助生育）则用于传宗接代。今天的医药不再仅限于治疗某种疾病或缺陷，它已经发展成为终生陪伴和改变你的某种产品、某项技术甚至某类规范。”2000 年 4 月 24 日出版的美国《时代周刊》在做出上述评论时还配发了一张详细图表，用来说明不同时期男人的身体变化，其中特别提到了随时间推移而不断增长的肌肉组织。伴随着这种变化，男孩们的玩具娃娃乔琪兵偶（G. I. Joes，芭比娃娃的“男朋友”——译者注）1970 年时的上臂臂围是 30 厘米，相当于一个中等身材的男人；而三十年后的 2000 年，就像吃了睾丸酮，他的臂围长到了 42 厘米。

男人们越来越像奸臣，胸脯上光光溜溜，下巴上倒是留着一撮长毛。穿着酷酷的“新经济”休闲装，他们变得松懈、邋遢，不再是一副大权在握、高高在上的嘴脸。法国《解放报》指出：“男士正装正式‘下岗’了。餐馆伙计的领结越挂越松，银行家的衬衣敞着扣子，连雷诺汽车公司的员工都开始在身上穿刺打孔了。”男人们现在既有硬的一面，也有软的一面，既有好斗的一面，也有温存的一面。发达强健的肌肉下面藏着一颗玩世不恭的心。用《时代周刊》的话说，“徒有其表的形象让男人的定义成了大问题”。其实，为男性强权效劳了一个世纪的西服正装还没有到最后退出历史舞台的时候。在互联网和新经济不再时髦、时尚领域开始出现无政府主义苗头时，它再一次浮出水面，时间是2001年，地点是美国华盛顿——美国共和党又一次入主白宫，乔治·W·布什总统开始重兴西服领带之风。

微胶囊技术的开发令注重时尚的地球人兴奋不已，以为改朝换代的新世纪曙光将至。尽管经过了声势浩大的现代化革新，已属夕阳产业的全球纺织业仍然停留在十九世纪劳动密集型的生产水平，大部分机器设备面临淘汰。结果是，发达国家纺织厂大量转向发展中国家，以寻求廉价劳动力。在科研人员的不懈努力下，时尚终于进入了高科技时代。纱线面料的科技含量日益提高，而且不停地增加着新功能：抗菌的、抗皱的、抗苍蝇的、抗油脂的、抗污渍的、抗紫外线的，等等。抗这抗那的纺织品为人体构筑了一道时尚屏障，防这防那的内衣让看哪儿都杀机四伏的人类多少获得了一点安全感。对安全、舒适、美貌的渴望让女性越来越依赖各类抗皱防晒的美容护肤品，她们把大量化学物质抹到脸上、身上，在皮肤上形成了几十亿个纳米毫微胶囊。这一切还远远不够，还要注射安息香酊和檀香酊，还要做水疗和泥浴、芳香剂放松治疗、东方式推油按摩，还有静坐参禅、点穴治疗……各种名不副实、夸大其词的美容骗局和陷阱让求健康心切的城里人深陷其中、不能自拔。从头顶到脚底，从下丘脑到十二指肠，人们恨不得把全身上下所有地方都非物质化，把烦恼不断的肉体升华成超凡脱俗的灵魂，飞上九天仙境，长生不老、自在永恒。时尚迷惘了、失落了，茫茫然不知所终，只有用徒劳无益的聒噪去掩饰失去一切风格的苍白与乏味。聚集在商业中心的各大时装品牌店依旧面积巨大、灯火辉煌，只是彼此雷同、毫无特色，完全变成了一间间大同小异的免税品商场。被施了催眠术的时尚确实需要休息一下了。

## 奢侈业的黄金浪潮

> 时尚的脚步一刻也未曾停止，它永远跟在女性身后，紧追不舍，如影随形。而实际上，它对女人是既不了解也不喜欢……

失去了方向感的流行趋势故技重演，再次开始捡拾历史垃圾。所有人都把目光对准了散发着铜臭的八十年代，觉得钱的味道才是最正宗的香味。金融赌博卷土重来。巴黎证交所的股票指数一口气冲上了 4000 点；专家们一致认为，这波大升浪将把法国股市的 CAC40 指数推上史无前例的新高点——到 2003 年，股市将直达万点以上。终日一身灰黑的中产阶级因其一向的墨守成规而备受轻视，这一次，他们终于被历史推到了时尚的最前沿。巴黎十六区的贵妇人、女老板甚至女白领均成为人们效仿的对象：女式套装要配领带的，羊毛开衫要穿长袖的，过膝的裙摆要打褶的，脖子上的丝巾要印花的，耳坠和项链要珍珠的，还要配上一副谁都不放在眼里的孤傲表情。流行趋势设计师和高级定制设计师以其惯用伎俩把这种新兴中产阶级时尚发挥到了极致，其设计作品中规中矩有余而典雅华贵不再。重新流行的裙式套装不再具有八十年代“正装”的刻板风格，而是以更贴身、更性感的剪裁体现了六十年代的“文雅”。如此打扮的新兴中产女性金发碧眼、秀丽苗条、自信满满，她们不仅被那个太平洋岛国上的黄脸富豪们列为可以发展成红颜知己的首选社交玩偶，而且还成了英国男装杂志《墙纸》（*Wall Paper*）高度关注的对象。这本杂志以冷冰冰的语言描绘着一个冷冰冰的世界——一个正在享受最后疯狂的时尚世界。这是一本极力推崇时尚专制的杂志，其对国际时尚的评论诱导着也改变着国际舆论的方向。

那些所谓的奢侈品大牌通常喜欢把第一个字母写成夸张的美术花体，作为本公司所有产品的标识，以彰显西方式的尊贵与奢华，其产品也因此可以卖得更贵。法国鞋商鲁道夫·梅努迪埃（Rodolphe Menudier）说过：“低俗的品位就是：款型怎么看怎么别扭，衣服怎么穿怎么难受。”赛琳（Celine）的大写C、卡尔文·克莱因（Calvin Klein）的CK、香奈儿（Chanel）正反相套的两个C、克里斯汀·迪奥（Christian Dior）的CD、芬迪（Fendi）两个背靠背的F、纪梵希（Givenchy）四个绕在一起的G、爱马仕（Hermes）的大写H、路易·威登（Louis Vuitton）的LV、伊夫·圣洛朗（Yves Saint Lorent）交织在一起的YSL……这些标识如同高雅品位的鉴定保值印章，只要把它们盖在包装盒上、印在手提袋上，就把普通商品变成了VIP（原指Very Important Person，贵宾；此处戏指Very Important Products，重要产品。——译者注）产品，让女人们（和男人们）一见倾心，再见神往，必欲购入囊中而后快。

为了抵制资产阶级对时装阵地的占领，时装迷们（现在已经不兴说时装爱好者了）把压箱底的花边折扇和摇摆舞裙都翻了出来。每当时尚陷入设计短路时，就会一遍遍咀嚼这些带有鲜明阵营特色或年龄阶段特点的奇装异服，并从这些服装入手，顺藤摸瓜地找到那个简单的原型，以此作为下一个流行趋势的起点。长期以来，时尚界的专业人士就是这样抄袭着过去、再生着历史，循环往复，以至无穷。说到再生，有两位日本的服装设计师中川正博（Masahiro Nakagawa）和阿世知里香（Lica Azechi）堪称高手。他们把旧服装拆掉，改变形状、重新整理，设计出符合顾客要求的新款时装，再冠以自己的神秘数字品牌：20471120。法国的同性恋组合马里奥＋夏奈特（Mariot-Chanet）同样以整旧如新、化腐朽为神奇为职业，而风格质朴的比利时流行趋势设计师马丁·马吉拉更是个中翘楚。

古为今用，人为我用，这就是我们这个时代的追求。君不见，如今市面上的大量流行唱片，其实就是说唱歌手和电台DJ们用选样器合成了各种声音和音乐，剽窃旋律、抢劫节奏、篡改唱词“再生”出来的。早在他们之前，美国的波普艺术家安迪·沃霍尔（Andy Warhol）就曾经“借用”和“改进”了耐用消费品企业的大量设计图案，除了商品标识，还有洗衣粉包装盒，甚至还有汤盆……

摇滚乐手和朋克分子们一心想表现出漫不经心的反叛精神，永远穿着钉着铁扣的皮衣和破着洞、撕着条的“酷装”，把所有衣服都刻意做旧。他们以为这样就算是古香古色的“古旧时尚”（Vintage）了。其实，“古旧时尚”的地道行家是那些真正擅长“整新如旧”的人，他们把时装和饰品当情人一样“收藏”起来，让它们像标明年份的陈年葡萄酒一样越老越正宗、越旧越值钱。

有人以这些收藏品为原版，大量炮制所谓的古旧服装，把崭新的衣服做旧、弄脏，人为地褪去颜色。花样年华的时装就这样过早枯萎、凋谢，提前过时，未老先衰；古旧时尚的内涵就这样任人篡改、糟践、南辕北辙、离题万里。时尚散发出陈年的尘土气息和发霉味道，一副饱经沧桑、老而不死的样子。

2001 年 9 月，似乎受到某种预感的兆示，巴黎春天百货公司关掉了时装销售区的所有照明灯和装饰灯，在一片有如礼拜堂般的昏黑中推出了“黑到极点便是真色”的主题展览。简直有病！黑色，像一块遮羞布，掩盖了时尚的所有蝇营狗苟。或许，这是黎明来临之前的黑暗，是重新奔向光明之前的一次休整，用法国时尚史专家、展览策划人卡瑟琳·奥尔曼（Catherine Ormen）的话说，“黑色直截了当，省却了一切过渡与枝节，让我们心无旁骛地直奔主题”。可是问题恰恰出在这里。究竟直奔主题的“时尚要向何处去？”2001 年 3 月 10 日的《世界报》如此发问。而英国高级定制设计师乔·凯斯利－海富德（Joe Casely-Hayford）则怒斥道："时尚的世界就是饕餮的世界，它从不放过任何一点芝麻粒和点心渣。它贪婪地攫住不同性质的文化群体，一个也不能少地敲其骨、吸其髓，直至把这些个性文化折腾得四处泛滥、人见人腻。它穷凶极恶地榨干吸净一个，随后再扑向下一个。然而贪婪有余而深沉不足的时尚只是一味地舍本逐末，重外表，轻本质，捡了芝麻，丢了西瓜。它只有这点本事。"不管怎么说，时尚的脚步一刻也未曾停止，它永远跟在女性身后，紧追不舍，如影随形。而实际上，它对女人是既不了解也不喜欢……

新时尚、超流行就在牛仔裤：缀着饰物的、毛着底边的、绣着花样的、包着屁股的、钉着铁扣的、带着假钻的，还有宽松肥大的、故意过时的，不一而足。穿这种裤子的人要么配着几乎崴脚的高跟鞋，要么索性赤着文了图案的光脚。

——索尼娅·里基尔（Sonia Rykiel，法国时装设计师）

# 结　语

## “我要瘦身！”

将近七十年了，时尚强加给女人的行为准则一成不变。是强加还是推荐？法国哲学家吉尔·利波维斯基在他的《第三类女性》一书中强调，要找到“纯粹意义上的美丽性别”，只有回归文艺复兴时期。文艺复兴之前，女性的主要职责就是生儿育女，能否生育是评价女性的唯一标准。自十五世纪开始，作为“上帝杰作”的女人开始成为奉献美丽供男人欣赏的装饰品。直到二十世纪初，细皮嫩肉的女人还是供男人尽情赏玩的尤物。而第一次世界大战则让大门不出、二门不迈的女人们被迫开始抛头露面。在这场数百万男人尽遭屠戮的世纪之战中，女人们为了挑起生活的重担不得不轻装上阵。她们褪去首饰，洗尽铅华，东奔西走，拳打脚踢。健康苗条是生活对女人下的一道指令。自此，女人与时尚为了一个共同的目标走到一起来，作为“美丽史诗”的最后一个篇章，苗条如赵飞燕般的窈窕淑女开始出现在一切需要女性形象的画面和场合。法国的《健康时尚》（Sante Magazine）杂志在其 2001 年 9 月版公布了美国路易斯·哈里斯（Louis Harris）调查机构的一项民意测验结果：当年 4 月 13 和 14 日，该机构以

“我要瘦身！”为题，电话采访了18岁以上的480名美国男人和520名美国女人，请他们说出他们对减肥的真实想法。结果，有71%的男人表示喜欢苗条女人，前提是该挺的挺（乳房）、该撅的撅（屁股）；41%的女人认为自己过于丰满，但她们的男伴中只有12%有此同感；减肥并不是女人节食的唯一目的，有37%的妇女是为了保持身体健康而节食；而节食过度、不能自拔、导致身体失衡的女性毕竟只占6%；有53%的道学家男人认为“女人减肥天经地义”；另有55%知足常乐的男人则“宁愿保持身体现状，天生什么样就什么样”。不管怎么说，人类社会还是成功地建立了瘦身主义的专制统治地位，一切没有明朗线条的身材皆被视为不得体甚至不道德。“人类社会发起这场瘦身征服战究竟意欲何为？”《健康时尚》杂志继续发问，“对此，社会学家和心理学家回答说：为了证明自我调控的价值。那些没有自我调控愿望、超过正常体重的人均被视为放任自流、不知自爱、懒惰成性的人。总之，身材过胖者成了各种批评指责与负面评价的打击对象。”曾经以丰满圆润而成为性感与魅力象征的维纳斯们如今被弃如敝屣，只能躲在一旁，幽怨而不解地注视着过于瘦弱的苗条女人把自己的生育权外包给租来的肚皮或医院的试管。不知是出于偶然还是刻意安排，这一期的《健康时尚》同时发表了一篇题为“勃起机能障碍”的冗长文章，大谈特谈男性精子数量锐减的严重问题。面对着性感如柴禾般的女性伴，我们还有什么必要为男人的性无能如此大惊小怪呢？

# 足不出户的新好男人

1999 年 6 月 14 日，法国《交流与商务新闻》的专刊登出了一篇题为《寻找我心中的男人》的文章。无独有偶，还是这本杂志，在 2001 年 6 月 11 日的另一期专刊中又登出了一篇题为《男人何在？》的文章。两年的时间过去了，真正意义上的男人依旧音讯渺茫，他们始终迷失在心理错乱的泥淖之中。许多仁人志士曾经一再疾呼，男人已经过度女性化；他们曾经一再警告，现代化已经成为女性化的代名词；他们也曾经一再指证，被男尊女卑思想冲昏头脑的男人已经不思进取到了何种地步。可男人们就是不见棺材不落泪。

话说回来，矫枉往往过正，我们也要当心大男子主义再一次进行反攻倒算！实际上，好斗成性的大男子主义已经磨刀霍霍、虎视眈眈，随时准备夺回失去的优势。两性之间的对等性就像一副纸牌，被国家统治者玩弄于股掌之中，早已剑拔弩张的女权主义捍卫者们强烈要求在极不平等的两性牌局上得到一副好牌。不甘示弱的男人们则想方设法阻止女人从他们手中抢走更多的利益。

男性至上的社会格局将长期存在于科技发达的当今世界，存在于互相倾轧的人际关系中，存在于暴力崇拜的影视屏幕上，存在于凶狠残忍的犯罪案件里，存在于弱肉强食的丛林法则内。可叹人类还在惺惺作态地寻找着女性的生存价值。

作为女孩玩偶的芭比娃娃体现了女性美的所有特征，却注定成为时尚的牺牲品；而男孩们爱不释手的乔琪兵偶则一身军装，注定成为象征男性权力的偶像。一个是一副逆来顺受的“可爱”模样，一个是一副好勇斗狠的强者姿态。柔弱的女性与强硬的男性（尽管患有勃起机能障碍）形成鲜明对比。前者像玫瑰，粉嫩娇艳；后者像柿子，皮糙肉厚。但这种对比并不意味着男人不解时尚风情、不谙化妆之道，相反，在以貌取人的社会逼迫下，男人们也不得不修整仪容、衣着光鲜，做出温文尔雅的姿态。2001年8月31日的《每日时装新闻》（*Fashion Daily News*）说得好：“如果说，过去久远以来，男权表现出来的始终是一种不修边幅的放浪形象，那么今天，脱下面具的男人便露出了他们脆弱（尽管这脆弱是雄性的）、温存和充满人情味的真面目。”

我们看到了齐内丁·齐达内（Zinedine Zidane，法国足球明星——译者注）在迪奥的“野性”香水广告中英雄也怕羞的那种腼腆，看到了大卫·吉诺拉（David Ginola，法国足球明星——译者注）在欧莱雅的化妆品广告中遮住头顶白发的那般刻意，还看到了大卫·杜耶（David Douillet，法国柔道奥运会冠军——译者注）在巴黎老佛爷百货公司门前鼓励男人们进去采购的那份殷勤。体坛巨星们走出了他们挥汗如雨的运动场，心满意足地当起了模特。他们笑容可掬地围坐在圆桌四周，斯斯文文地啃着“小露”（Petit Lu）饼干，小口小口地舔着“达奈特”（Danette）奶昔。然而，尽管明星们的表演如此打动人心，男女之间该怎么不平等还是怎么不平等。

2001 年 6 月 11 日的《交流与商务新闻》评述道："男人在女人面前经历了从奴隶到将军的历程之后，最终回归到其个性中与生俱来的女性化一面。"那么，堂堂七尺男儿为什么要用女性化来显示自己的魅力呢？我们总是情不自禁地把女人归类于美丽性别，把女人的作用归类为美化世界。其实，魅力没有或阴或阳的属性之分，它只有或男或女的性别之分。

法国男装设计师艾迪·斯理曼（Hedi Slimane）在媒体震耳欲聋的欢呼声中推出了迪奥品牌无可挑剔的新款男装系列。他的新式设计以怪异的颀长线条把反差强烈的挺括外形与柔软衣料有机地结合在一起，试图在同性恋与异性恋的狭窄缝隙之间找到一条新出路。既不恋同性也不恋异性的男人陷入了失去性别的困惑，这大概就是男人的第三条道路，一条走向不育症的道路……

## 女人是整数

"还想复辟被扔进历史垃圾堆的大男子主义吗？"2001 年 9 月 7 日的《每日时装新闻》如此发问。这一问针对的是法国妇女权利国务秘书处遵政府旨意提出的一份报告。一年前，法国总理利奥内尔·若斯潘（Lionel Jospin）曾经强调："在广泛传播的广告图像中，女性的形象大多被表现得谦恭温顺，人类社会始终没有突破男尊女卑的旧势力，还在进行集体复古。"各种各样的媒介陈渣泛起，充斥着由时装和奢侈品制造商炮制的情色镜头。广告图像简直罪不可恕。

拜托各位专业摄影师，拿出一些想象力，把自己镜头中的女性诱惑表现得再含蓄一些、高雅一些。希望越多，失望越大。想象的结果是，时尚的钟摆从露骨的一头又摆向了虚伪的另一头，本已每况愈下的时尚图片在社会舆论的打击之下干脆走到了另一个极端，变得更加索然无趣了。虚情假意、矫揉造作的广告宣传一头扎进了淡而无味的浪漫主义怀抱。我们等来的是女性形象的平庸和创意策划的贫乏。

还要说一句，在广告商的概念中，浪漫主义经常被理解为多愁善感、无病呻吟。而死不悔改的服装设计师和所谓“趋势创意者”们则始终醉心于绣房中宽衣解带的簌簌声，努力营造着如妓院般甜媚朦胧的色情氛围。这些裁缝师傅一直把那些外表放荡不羁的女孩视作窑姐。

美国的女权主义者们极其不合时宜地提出了“诱惑就是犯罪”的说法，声称只有“不正常的”女人才会感染这种“自我牺牲狂热症”。这种说法居然获得了相当一些人的认可。

女人不是人皆可欺的供奉品或牺牲品，女人是整数，可以被除尽。她们拥有足够的自主性，不会随时间的改变而降级为大男子主义或浪漫主义时代的玩偶。只是，社会把美丽当成了女人验明正身的竞争手段；在诱惑和取悦男人之前，她们先要和其他同性进行一番较量，她们必须每日每时、一刻不停地用完美这把尺子考量自己的外表。施展魅力就像在全社会展开的一场令人捉摸不透的藏猫猫游戏，其结果未必就一定是两性之间的吸引或骚扰，更多的可能是一种自我炫耀的比较优势。一种穿衣方式、一种化妆手法都可以成为一个女人展示魅力的技巧。时尚在用其固有手段让一个女人变得更加性感的同时，也让她去照亮别人、启发别人、迷惑别人。巴黎大学古典哲学教授莫尼克·迪克索特（Monique Dixsaut）说得好："魅力就是光彩照人。精力充沛、容光焕发，这是现实生活中的一种时尚。除此，魅力几乎不再需要任何多余的东西。魅力主要由亮丽和活力构成，这两个要素足以让一个人做到自我满足，并足以让他向别人证明自己。"在时尚的感觉中，令人心旌摇荡的艳遇与让人销魂蚀骨的簌簌声是那么难以割舍，以至于任何回避都会被视为倒行逆施而无法接受。其实，艳遇也好，簌簌也罢，都是男女之间难以言表的一种姿态，是情与色的追求和表白，是"玩的就是心跳"的性爱前奏，个中滋味令人回味无穷，绝不会为任何三级片式的露骨场面所冲淡。时尚很知道如何巧妙地丰富色情的内涵，它不落俗套地露给你一只丰满的乳房或一瓣诱人的屁股，既不平庸媚俗，更不寡廉鲜耻，但却让你垂涎欲滴。

## 常穿常新的服装与随穿随扔的服装

时尚的全球化让西方的服装模式或多或少地开始向全世界蔓延普及。高档品牌堕落为批量生产的奢侈品推销商，而中低档产品则摇身一变成为时尚品牌。在全世界各大商业区，国际化品牌的巨型商场鳞次栉比、鱼龙混杂，似乎从来不会水土不服。被这些品牌堆起来的“购物型城市”更是比比皆是，多得让人心烦。本来情调各异的城市风光被这种整齐划一的繁华熙攘搞成了一个模式，有人评价说：“我们生活在一个单调乏味的世界，汤姆·彼得斯（Tom Peters，美国管理学大师——译者注）称之为‘相似的海洋’，鲍德里亚（Baudrillard，法国哲学家、社会学家——译者注）则称之为‘施乐（Xerox，美国复印机品牌，在此寓意为复制一切——译者注）化’的世界。”然而，消费者如今成了这个商品世界的上帝和主宰，他们不会在一棵（品牌）树上吊死，他们可以随心所欲地决定穿什么商标的衣服、戴什么品牌的首饰、到什么地方购买、花多少钱购买。

不管怎么说，在商品极大丰富的今天，从最高级到最低档，所有品牌都推出了适于穿着佩戴、适于混搭互换，甚至适于随用随扔的日用消费品，每一个人都可以在充分保有个性的同时把自己打扮得尽善尽美。

不管怎么说，品牌企业正以前所未有的势头发展着自己的事业，奢侈品带来的超额利润令它们如痴如醉，乐不可支。而消费者也不都是傻子，尽管他们仍免不了偶尔被榨取得分文不剩。

奢侈品的大众化迅速带来了它的平庸化，但这又何妨？这个以貌取人的社会已经把人都琢磨透了，它让每一个人都自以为超越了传统审美标准，自以为形成了独立自主、个性鲜明的审美情趣，同时又让他们不自觉地融入大众化的时尚当中。

一件衣服或一件饰品是否不同凡响，并不取决于设计师的名气或价格的高低，而取决于穿戴者是否与之相配。不同的人穿戴相同的服装或首饰，其结果可能大相径庭，有的就显得时尚，有的则透着奢华，还有的怎么看怎么俗。那些常穿常新、一上身就格外出彩的个性化服装或首饰无所谓品牌或商标……特别是那些仿造得惟妙惟肖、天衣无缝的假冒商品！常穿常新的服饰其实就是特别适合某个人外表与气质的服饰，这样的服饰已经超越了普遍意义上的时尚范畴，而进入了针对这一个体的微观时尚范畴，表现的只是“这一个人”的个性特征。因为，每一个人都在体验时尚，同时也在创造时尚，并不一定要受宽泛的大众时尚左右。

然而，凡事不可绝对，毕竟个性与共性既对立又统一。有人就表达了另外一种观点：“单从表面来看，个性的捍卫与伸张似乎具有很强的吸引力，然而，不能因此就走到另一个极端，把这种‘彰显个性的新思想’搞得过于绝对化、过于强制化、过于表面化。”宏观与微观时尚、共性和个性服饰的共存造就了“混合型的一代”。他们既不会沉迷于任何组织有序、整齐划一的大众世俗，也不会因受主观意志影响而把个性与共性隔绝开来。他们消费品牌却从不留恋任何品牌，其喜新厌旧的频率比流行趋势的转换还要来得快。这种“皇帝轮流做”的另类专制把我们推进了一个“既没有记忆也没有计划的时代”。也许，这就是消费型社会的回光返照。

## 高级时装的再次没落

“在圣洛朗公司，高级时装并不创造利润，但却仍能维持良好运转。不管怎么说，高级时装是一个正在走向消亡的行当，哪怕有那么多天才设计师和热心扶持者正在不遗余力地支撑着它即将倒塌的身架。”说这话的皮埃尔·贝尔热深谙高级时装经营之道，他知道，没有 15 到 20 年的工夫是不可能让一家高级时装公司挣到钱的。高级时装已经命悬一线，再来一次金融风暴就会把它的这根生命线吹断。试想，有哪个思维正常、有责任心的企业领导能够无休止地往高级时装这个无底洞里扔钱呢？尽管高级时装界年复一年地辩称，其一场模特表演有着如何不可思议的广告效应，但它毕竟已是明日黄花。时装表演固然精彩，但不带任何解说的电视画面未免流于含混，而只知堆砌溢美之词的文字报道又未免流于一厢情愿。最终，这种表演成了越来越让人看不懂的大杂烩，高级时装只能自说自话、自己感动自己。更何况奢侈品牌的形象宣传本就不是记者们该干的事。话虽如此，那些从事服装定制的中小企业家们大可不必悲观失望，只要他们放下定义不清的高级定制设计师的架子，不再以艺术家自居——何况服装业根本就算不上艺术。任何一件时尚用品都只是用来穿戴的装饰品，很少有人愿意把自己打扮成一件艺术品。这种话已不知被多少人重复过多少遍了。

时尚应该走向世界，只有把流行趋势、穿着效应与梳妆技法普及到尽可能广泛的地区，时尚才能获得更强大的生命力。2002年1月22日，伊夫·圣洛朗推出了他的最后一场时装发布会，从此永别了高级时装的光辉圣坛。皮埃尔·贝尔热放了他一马。这个“最后的莫希干人”在时装圈打拼经年之后，看透了时尚的本质，自认巅峰已过，深感心力交瘁，收拾起他的别针和铅笔黯然离去。这个素以风格高雅著称的设计大师以自己的敏锐和明智给高级时装界带来了一股前无古人、后无来者的现代化新风。毕竟，对时尚女装一往情深的不仅包括那两三千个大摆公主派头的贵妇名媛，还包括全世界30亿名妇女！“面对此情此景，日渐式微的高级定制设计师组织——巴黎时装公会居然还想把名字改为1868年成立之初的‘高级时装公会’，真让人不可思议。指望借复古而扬名的公会应该从伊夫·圣洛朗的引退中获得这样的启发：高级时装应该为老自尊，主动让位于新时代、新风尚，让位于成衣业。可惜它没有。”这是《每日时装新闻》2002年1月25日的评论。

2001年2月12和13日，法国时尚杂志《嘉人》从1000名18岁以上的法国女性中遴选出500名，在她们家中逐一进行了当面采访，采访结果令那些死不悔改的高级时装钟爱者彻底心灰意冷：“请问您每月平均花多少钱用于购买服装服饰（包括鞋子、饰品等）？”回答不到300法郎（约合45.74欧元）的占61%，300至700法郎（45.74至106.73欧元）的占31%，700至1500法郎（106.73至228.69欧元）的占4%。用同样的钱数希望购买若干件服装的占 55%，只买一件但质量上乘的占 41%，只买一件但须出自名师之手的 0%。消费者如此不给面子，其实是对定制设计界的一种警示。《嘉人》随后更为高级定制设计师们奉送了如下逆耳忠言："有些设计师虽才艺不佳却偏要强加于人，怎不教人心生厌恶、望而却步？女人之所以对高级时装敬而远之，是因为设计师为她们推荐的非人性化时装只会为她们忙中添乱。试想，对一个在站台上狂奔着赶火车的女人来说，一双露着脚面、鞋带勒得脚生疼的 22 厘米高跟鞋除了增加痛苦、浪费时间，还能有什么意义？"

欧洲和美国的服装消费金额每年已经超过了 4790 亿欧元，奢侈品行业的年营业额也达到了 470 亿欧元。看到如此惊人的暴利，我们立刻就该明白，把时尚从赚钱赚疯了的设计师兼"艺术家"手中夺过来已经迫在眉睫。

## "时尚，就是转瞬即逝的美丽……"

2000 年 10 月 20 日，全世界的名流贵胄齐聚美国纽约曼哈顿第五大道古根汉姆（Solomon R. Guggenheim）博物馆，出席意大利设计师乔治·阿玛尼从业二十五周年作品回顾展开幕式。博物馆六个坡形展厅内日常展出的所有艺术品被全部腾空，给阿玛尼的服装让地儿。美国时尚界给阿玛尼的荣耀足以说明，这位在美国被称为"第一人"的设计大师受欢迎到了何种程度。1982

年，阿玛尼更成为美国《时代周刊》的封面人物，这在二十一世纪的时装界是绝无仅有的。此前，只有克里斯汀·迪奥于二十世纪四十年代、克里斯汀·拉克鲁瓦于1998年曾有幸获此殊荣。

诚然，乔治·阿玛尼创建了一家生意兴隆的服装公司，推广了一种颇具当代气息的国际化风格，打扮了一群各具特色的时尚男女，但这种在一家现代艺术博物馆为一名服装设计师举办回顾展的做法还是引起了全社会的广泛争议，争议的焦点就是自十九世纪便以艺术家自居的时尚从业者的身份的合法性。

其实，时尚始终就没断了与艺术的勾勾搭搭，那些时装制作者既是艺术的高尚庇护者，又是艺术品的卑鄙盗用者。高级定制设计师和流行趋势设计师在找不着感觉的时候，经常会从艺术作品中找寻灵感。人们也许还记得伊夫·圣洛朗1965年推出的蒙德里安（Mondrian，抽象几何画派代表人物——译者注）抽象几何裙，还有勒萨日（Lesage，举世闻名的法国刺绣品牌——译者注）于1998年推出的绣有凡·高“向日葵”名画的短上衣，两件作品甫一问世即赢得一片欢呼声。到底人们欢呼的是谁呢？是画家，是刺绣工，还是设计师？圣洛朗显然不是唯一靠艺术家过活、靠艺术品为自己锦上添花的设计师。难道这些得便宜卖乖的时装制作者还要再把自己与艺术家混为一谈，甚至得寸进尺地侵占艺术品的展位吗？阿玛尼的古根汉姆回顾展尤其引起了纽约展览界的激烈争论，每个人都在扪心自问，这种凝固在蜡制模特上、除了年代没有任何文字说明，与其说是美学艺术，其实更接近人种学的专题展览究竟有什么意义，特别是在如此神圣的博物场馆。

时尚只有依附于社会现实才能生存，离开了社会活动以及组成社会的所有个体，高级定制设计师就如无皮之毛，无所依附。因此，设计师总是处在各种社会势力交会的十字路口，只能受制于现实而不可能超越和引导现实。甚至可以说，摆在博物馆里的裙子根本就是时尚的异化。克里斯汀·迪奥曾经说过一句名言："时尚，就是转瞬即逝的美丽……"一件裙子唯有在穿到女人身上的那一刻才是时尚，挂在衣架上就是死物一件。特别需要指出，艺术博物馆不是商品陈列室。博物馆所承担的工作应该是为世人保存对历史的记忆，以科学的方法为历史事件以及历史人物进行分类。而服装博物馆的任务则是展示人类服装发展的历史，可惜这类博物馆经常把近代才出现的时尚与服装混为一谈，忘记了它们的根本使命。通常，由于缺乏雄厚的资金实力和丰富的展览题材，这些服装博物馆只能忍受伪装成艺术家的商人们的压榨。在被商品样本和产品目录淹没的同时，大部分的主题或专题时尚博览会都要靠纺织品、奢侈品和美容品巨型集团的资助来维持，因此也就不可避免地受到它们的暗中操纵。这类博物馆因此也成了供社会名流攀谈聚会、供新闻媒体充实版面、供买家卖家讨价还价、供猎头公司网罗人才的"时髦"场所，一言以蔽之，成了时尚企业借文化之名、行商业之实的最佳掩护地。在美化人体的诸多行业因销售和消费两旺而得到空前繁荣的今天，作为服装服饰集大成者的时尚博物馆更应该担负起它们评说、鉴赏和甄别服装发展史的神圣使命。

## 他们没让女人失望

一个多世纪以来，所有被称为高级定制设计师、流行趋势设计师、服装设计师和高级成衣设计师的人们共同书写和推动了时尚发展的历史，而与此息息相关的女性发展历史是否同时得到推动了呢？天知道！

我们说过，制作一件裙子算不上什么政治事件，充其量也就是一种社会行为。时尚从来就没有走到过妇女解放运动的前沿，它的前卫表现经常只是一种假象。但不可否认，在时尚自身的发展进程中，它的确曾奉献过一些有助于妇女解放的轻便服装与服饰。有那么不多的几次时尚变革，推出了一些实用性多于装饰性的女性服装，多少减轻了作为装饰品的女性的压力。但那只是不多的几次例外。向来没有以人为本概念的服装制作者们在闪成一片的镁光灯中、在喧嚣嘈杂的阿谀声中、在排成长队的模特群中，像煞有介事地推出他们精心设计的新时尚。表面上更新了女人的服装款式，实质上满足了自己的表现欲望；主观上纯粹就是为了“作秀”，客观上引发了妇女衣着的革命。这些人早已把这种“醉翁之意不在酒”的伎俩玩得炉火纯青，很少露出破绽，永远让妇女们自以为有施展不完的魅力。其实，时髦与美貌只不过是人们用来取悦自己和他人的一服安慰剂。

在 2001 年 7 月出版的一期专刊中，《女装日报》公布了一次别开生面的投票表决结果。投票表决的主题是“谁是第一人”。53 位欧美现役高级成衣与高级定制设计师参加了投票，他们要分别评选出近九十年来最重要的设计师和自二十世纪八十年代以来最重要的设计师。前者由 3 位高级定制设计师得中三甲，他们是：可可·香奈儿、伊夫·圣洛朗和克里斯汀·迪奥；后者由 3 位服装设计师夺得三元，他们是卡尔·拉格菲尔德、乔治·阿玛尼，以及“像男孩一样”的品牌宗师川久保玲。对评选结果的分析表明，在这 53 位专业人士心目中，最重要的指标就是对于本时代的代表性，而这 6 位不同时期的流行趋势设计师均恰如其分地代表了自己的时代，既没有超前，也没有落伍。

香奈儿、圣洛朗和迪奥均以直截了当的设计风格和超群绝伦的设计才华推动并伴随了本时代的时尚演变。他们以严谨谦逊的设计作风装点着自己的时代，给那个把温文尔雅当作公民身份、社会地位甚至上流阶层通行证的时代带来了巨大的视觉冲击和心理震撼。

过去的时代一去不复返，无论男女老幼，谁也不会再像过去那样对时尚抱有那么大的激情了。拉格菲尔德、阿玛尼和川久保玲也不再因循香奈儿们的工作模式。卡尔·拉格菲尔德无疑是近几十年来最优秀的服装设计师，他深深懂得如何把自己的设计创意如实转化为全新的服装形象。他从不放弃自己的一贯原则：揭示服装设计的装饰功能，同时不乏幽默诙谐；改善人体形象的展示功能，同时保有每人个性；续写传统品牌（譬如香奈儿）的光辉历史，同时不失风格原貌。乔治·阿玛尼则是成功设计师的杰出代表，功成名就的他以跨国企业家的形象深入人心。他毕生致力于洗练精纯的服装设计，他的作品虽然不走至简主义的路子，但却吸收了形式主义的主要精华，因而总是那么严谨完美、中规中矩。此外，他所取得的国际性成就还得益于其非凡的营销能力和卓越的整合能力——他深谙推广全球化品牌的战略战术，将不同产品按类分档，在世界各地实施既务实又煽情的统一销售模式。而川久保玲则更像是一位技术型和学者型设计师，她善于寻找并抓住隐藏在人性及社会最深层的薄弱点，因人、因地、因时制宜地推出活泼灵动的设计理念；她善于以富于诗意而入木三分的笔触描绘全新的服装形象，尽管其展示性有时超越了实用性。对于她的作品，普通人也许缺乏想象空间，但同行们却能从中汲取灵感。

总之，从这场荣誉选拔赛中脱颖而出的6位大师都是二十和二十一世纪的顶尖高手，他们充分调动了女性的时尚兴致，同时，并没有让她们受到时尚界司空见惯的审美束缚和侵扰。但愿以这6位尊者为代表的服装产业能够从此恪守本职、恰如其分、尽心尽力地为女人和男人们奉献最美好的形体包装。但愿今后的时尚再也不要迷失在徒有其表、虚幻不实、为风格而风格的无底深渊中！

桂图登字：20-2013-113

LES FEMMES SONT-ELLES SOLUBLES DANS LA MODE?
by Dominique Cuvillier
Originally published in 2002&2007 by EDITIONS DES ECRIVAINS

**图书在版编目(CIP)数据**

时尚简史：一本书带你读懂时尚 /（法）多米尼克·古维烈著；治棋译. --桂林：漓江出版社，2018.9（2019.6重印）
（阅美悦读）
ISBN 978-7-5407-8481-2
Ⅰ.①时… Ⅱ.①多… ②治… Ⅲ.①服饰—历史—世界 Ⅳ.①TS941-091
中国版本图书馆 CIP 数据核字（2018）第167268号

**时尚简史：一本书带你读懂时尚**
SHISHANG JIANSHI：YIBENSHU DAINI DUDONG SHISHANG

作　　者：［法］多米尼克·古维烈
译　　者：治　棋

出 版 人：刘迪才
出 品 人：符红霞
策划编辑：符红霞
责任编辑：符红霞　王成成
责任校对：章勤璐
封面设计：U-BOOK
责任监印：周　萍

出版发行：漓江出版社有限公司
社　　址：广西桂林市南环路22号
邮　　编：541002
发行电话：0773-2583322　　010-85893190
传　　真：0773-2582200　　010-85893190-814
邮购热线：0773-2583322
电子信箱：ljcbs@163.com
网　　址：http://www.Lijiangbook.com
印　　制：三河市中晟雅豪印务有限公司
开　　本：880×1230　　1/32
印　　张：8.75
字　　数：160千字
版　　次：2018年10月第1版
印　　次：2019年6月第2次印刷
书　　号：ISBN 978-7-5407-8481-2
定　　价：52.00元

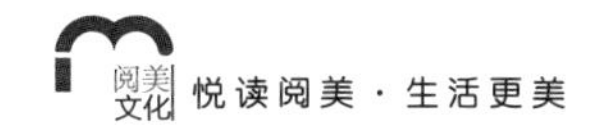


# 新书推荐

**《点亮巴黎的女人们》（珍藏版）**

**［澳］露辛达 · 霍德夫斯 / 著　祁怡玮 / 译**

她们活在几百年前，也活在当下。
走近她们，在非凡的自由、爱与欢愉中
点亮自己。

**《时尚简史》（珍藏版）**

**［法］多米尼克 · 古维烈 / 著　治棋 / 译**

法国流行趋势研究专家精彩“爆料”
一本有趣的时尚传记，一本关于审美
潮流与女性独立的回顾与思考之书。

**《女人 30+——30+ 女人的心灵能量》（珍藏版）**

**金韵蓉 / 著**

畅销 20 万册的女性心灵经典
献给 20 岁：对年龄的恐惧会变成憧憬
献给 30 岁：于迷茫中找到美丽的方向

**《女人 40+——40+ 女人的心灵能量》（珍藏版）**

**金韵蓉 / 著**

畅销 10 万册的女性心灵经典
不吓唬自己，不如临大敌，
不对号入座，不坐以待毙。

**《优雅是一种选择》(珍藏版)**

**徐俐 / 著**

《中国新闻》资深主播的人生随笔

一种可触的美好,一种诗意的栖息。

**《像爱奢侈品一样爱自己》(珍藏版)**

**徐巍 / 著**

时尚女魔头写给女孩的心灵硫酸

与冯唐、蔡康永、张德芬、廖一梅、

张艾嘉等深度对话，分享爱情观、人生观!

## 即将上市

**《玉见——我的古玉收藏日记》**

**胡楠 / 著**

**时建明 / 摄影**

遇见古玉,

遇见生命中的温润美好。

**《与茶说》**

**半枝半影 / 著**

茶入世情间，一壶得真趣。

这是一本关于茶的小书,

也是茶与中国人的对话。